JAVA 程序设计研究

李红日　著

北京理工大学出版社
BEIJING INSTITUTE OF TECHNOLOGY PRESS

图书在版编目（CIP）数据

JAVA 程序设计研究 / 李红日著. —北京：北京理工大学出版社，2020. 10

ISBN 978 - 7 - 5682 - 7714 - 3

Ⅰ. ①J… Ⅱ. ①李… Ⅲ. ①JAVA 语言 - 程序设计 - 研究 Ⅳ. ①TP312. 8

中国版本图书馆 CIP 数据核字（2019）第 235227 号

出版发行 / 北京理工大学出版社有限责任公司
社　　址 / 北京市海淀区中关村南大街 5 号
邮　　编 / 100081
电　　话 / (010) 68914775（总编室）
　　　　　(010) 82562903（教材售后服务热线）
　　　　　(010) 68948351（其他图书服务热线）
网　　址 / http：//www. bitpress. com. cn
经　　销 / 全国各地新华书店
印　　刷 / 保定市中画美凯印刷有限公司
开　　本 / 710 毫米 × 1000 毫米　1/16
印　　张 / 11
字　　数 / 220 千字
版　　次 / 2020 年 10 月第 1 版　2020 年 10 月第 1 次印刷
定　　价 / 65. 00 元

责任编辑 / 王玲玲
文案编辑 / 王玲玲
责任校对 / 周瑞红
责任印制 / 施胜娟

前　　言

Java 是由 Sun 公司于 1995 年 5 月推出的 Java 面向对象程序设计语言和 Java 平台的总称。由 James Gosling 和其同事共同研发，并在 1995 年正式推出。

Java 分为三个体系：JavaSE(J2SE)(Java 2 Platform Standard Edition，Java 平台标准版)；JavaEE(J2EE)(Java 2 Platform，Enterprise Edition，Java 平台企业版)；JavaME(J2ME)(Java 2 Platform Micro Edition，Java 平台微型版)。

Java 语言的语法与 C 语言及 C++ 语言的很接近，使大多数程序员很容易学习和使用。一方面，Java 丢弃了 C++ 中很少使用的、很难理解的、令人迷惑的那些特性，如操作符重载、多继承、自动的强制类型转换。特别地，Java 语言不使用指针，而是引用，并提供了自动废料收集功能，使程序员不必考虑内存管理的问题。

Java 语言提供类、接口和继承等原语，为简单起见，其只支持类之间的单继承，但支持接口之间的多继承，并支持类与接口之间的实现机制（关键字为 implements）。Java 语言全面支持动态绑定，而 C++ 语言只对虚函数使用动态绑定。总之，Java 语言是一个纯的面向对象程序设计语言。与那些解释型的高级脚本语言相比，Java 是高性能的。事实上，随着 JIT（Just－In－Time）编译器技术的发展，Java 的运行速度越来越接近于 C++。

本书通过对 Java 编程语言的全面介绍，引导读者快速掌握 Java 编程语言的核心内容并学会灵活运用所学的语言知识及面向对象的编程思想。全书共分 13 个部分，内容包括 Java 语言概述、面向对象编程设计、多线程设计、Java 集合框架设计、反射、Socket 编程设计、JSP、正则表达式与 XML 操作、JavaScript、Servlet、Ajax、算法与数据结构及 Oracle 数据库的研究。

尽管作者在写作过程中付出了极大的努力，但由于水平所限，书中难免存在不足之处，恳请读者批评指正。

李红日

目　　录

第一章

Java 语言概述

第一节　Java 语言诞生背景

一、Java 的历史

Java 来自 Sun 公司的 Green 的项目。为了给家用电子消费产品开发一个分布式代码系统，从而对冰箱、电视机等家用电器进行控制，Sun 公司基于 C++ 开发了一种新语言 Oak（Java 的前身）。Oak 是一种用于网络的精巧而安全的语言，Sun 公司曾以此投标一个交互式电视项目，但被 SGI 打败了。就在此时，Mark Ardreesen 开发的 Mosaic 和 Netscape 启发了 Oak 项目组成员，他们用 Java 编制了 HotJava 浏览器，得到了 Sun 公司首席执行官 ScottMcNealy 的支持，促使 Java 进军 Internet。

Java 技术包括 Java 语言和 Java Media APIs、Security APIs、Management APIs、Java Applet、Java RMI、JavaBean、JavaOS、Java Servlet、JavaServer Page 及 JDBC 等。

Java 技术的发展历程简述如下：

1990 年，Sun 公司的 James Gosling 领导的小组设计了一种平台独立的语言 Oak，主要用于为各种家用电器编写程序。

1995 年 1 月，Oak 被改名为 Java。

1995 年 5 月 23 日，Sun 公司在 Sun World'95 上正式发布 Java 和 HotJava 浏览器。

1995 年 8 月至 12 月，Netscape 公司、Oracle 公司、Borland 公司、SGI 公司、Adobe 公司、IBM 公司、AT&T 公司、Intel 公司获得 Java 许可证。

1996 年 1 月，Sun 公司宣布成立新的业务部门——JavaSoft 部，以开发、销售并支持基于 Java 技术的产品，由 Alan Baratz 任总裁。同时，推出 Java 开发工具包 JDK（Java Development Kit）1.0，为开发人员提供用来编制 Java 应用软件所需的工具。

1996 年 2 月，Sun 公司发布 Java 芯片系列，包括 PicoJava、MicroJava 和

UltraJava，并推出 Java 数据库连接 JDBC（Java Database Connectivity）。

1996 年 3 月，Sun 公司推出 Java WorkShop。

1996 年 4 月，微软公司、SCO 公司、苹果电脑公司、NEC 公司等获得 Java 许可证。Sun 公司宣布允许苹果电脑、惠普、日立、IBM、微软、Novell、SGI、SCO、Tamdem 等公司将 Java 平台嵌入其操作系统中。

1996 年 5 月，惠普公司、Sybase 公司获得 Java 许可证。北方电讯公司宣布把 Java 技术和 Java 微处理器应用到其下一代电话机中的计划。5 月 29 日，Sun 公司在旧金山举行第一届 JavaOne 世界 Java 开发者大会，业界人士踊跃参加。Sun 公司在大会上推出一系列 Java 平台新技术。

1996 年 8 月，Java WorkShop 成为 Sun 公司通过互联网提供的第一个产品。

1996 年 9 月，Addison - Wesley 和 Sun 公司推出 Java 虚拟机规范和 Java 类库。

1996 年 10 月，德州仪器等公司获得 Java 许可证。Sun 公司提前完成 JavaBean规范并发布，同时，发布第一个 Java JIT（Just - In - Time）编译器，并打算在 Java WorkShop 和 Solaris 操作系统中加入 JIT。10 月 29 日，Sun 公司发布 Java 企业计算技术，包括 JavaStation 网络计算机、65 家公司发布的 85 个 Java 产品及应用、7 个新的 Java 培训课程及 Java 咨询服务、基于 Java 的 Solstice 互联网邮件软件、新的 Java 开发者支持服务、HotJava Views 演示、Java Tutor、Java Card API 等。Sun 公司宣布完成 Java Card API 规范，这是智能卡使用的第一个开放 API。Java Card API 规范将把 Java 能力赋予全世界亿万张智能卡。

1996 年 11 月，IBM 公司获得 JavaOS 和 HotJava 许可证。Novell 公司获得 Java WorkShop 许可证。Sun 公司和 IBM 公司宣布双方就提供 Java 化的商业解决方案达成一项广泛协议，IBM 公司同意建立第一个 Java 检验中心。

1996 年 12 月，Xerox 等公司获得 Java 或 JavaOS 许可证。Sun 公司发布 JDK1. 1、Java 商贸工具包、JavaBean 开发包及一系列 Java APIs；推出一个新的 JavaServer 产品系列，其中包括 Java Web Server、Java NC Server 和 JavaServer Tool-kit。Sun 公司发布 100% 纯 Java 计划，得到百家公司的支持。

1997 年 1 月，SAS 等公司获得 Java 许可证。Sun 公司交付完善的 JavaBean 开发包，这是在确定其规范后不到 8 个月内完成的。

1997 年 2 月，Sun 公司和 ARM 公司宣布同意使 JavaOS 运行在 ARM 公司的 RISC 处理器架构上。Informix 公司宣布在其 Universal Server 和其他数据库产品上支持 JDK1. 1。Netscape 公司宣布其 Netscape Communicator 支持所有 Java 化的应用软件和核心 API。

1997 年 3 月，惠普公司获得 Java WorkShop 许可证，用于其 HP - UX 操作系统。西门子、AG 公司等获得 Java 许可证。日立半导体公司、Informix 公司等获得 JavaOS 许可证。Novell 公司获得 Java Studio 许可证。Sun 公司发售了 JavaOS

1.0 操作系统，这是一种在微处理器上运行 Java 环境的最小、最快的方法，可提供给 JavaOS 许可证持有者使用；还发售了 HotJava Browser 1.0，这是一种 Java 浏览器，可以方便地按需编制专用的信息应用软件，如客户自助台和打上公司牌号的网络应用软件。1996 年 6 月，Sun 公司发布 JSP1.0，同时推出 JDK1.3 和 Java Web Server 2.0。1999 年 11 月，Sun 公司发布 JSP1.1，同时推出 JSWDK1.0.1 和 Java Servlet 2.2。2000 年 9 月，Sun 公司发布 JSP1.2 和 Java Servlet 2.3 API。

二、Java 的现状

Java 是 Sun 公司推出的新一代面向对象程序设计语言，特别适用于 Internet 应用程序开发，它的平台无关性直接威胁到 Wintel 的垄断地位，这表现在以下几个方面：计算机产业的许多大公司购买了 Java 许可证，包括 IBM、苹果、DEC、Adobe、SiliconGraphics、惠普、Oracle、东芝及微软。这一点说明，Java 已得到了业界的认可。众多的软件开发商开始支持 Java 软件产品。例如 Inprise 公司的 JBuilder、Sun 公司自己做的 Java 开发环境 JDK 与 JRE。Sysbase 公司和 Oracle 公司均已支持 HTML 和 Java。

Intranet 正在成为企业信息系统最佳的解决方案，而其中 Java 将发挥不可替代的作用。Intranet 的目的是将 Internet 用于企业内部的信息类型，它的优点是便宜、易于使用和管理。用户不管使用何种类型的机器和操作系统，界面是统一的 Internet 浏览器，而数据库、Web 页面、Applet、Servlet、JSP 则储存在 Web 服务器上，无论是开发人员还是管理人员或是用户，都可以受益于该解决方案。

三、Java 的特点

1. Java 语言的优点

Java 语言是一种优秀的编程语言。它最大的优点就是与平台无关，在 Windows 9X、Windows NT、Solaris、Linux、MacOS 及其他平台上，都可以使用相同的代码。“一次编写，到处运行”的特点，使其在互联网上被广泛采用。

由于 Java 语言的设计者们十分熟悉 C++ 语言，所以，在设计时很好地借鉴了 C++ 语言。可以说，Java 语言是一种比 C++ 语言“还面向对象”的编程语言。Java 语言的语法结构与 C++ 语言的语法结构十分相似，这使得 C++ 程序员学习 Java 语言更加容易。

当然，如果仅仅是对 C++ 的改头换面，那么就不会有今天的“Java 热”了。Java 语言提供的一些有用的新特性，使得使用 Java 语言比 C++ 语言更容易写出“无错代码”。

这些新特性包括：

（1）提供了对内存的自动管理，程序员无须在程序中进行分配、释放内存，那些可怕的内存分配错误不会再打扰设计者了。

（2）去除了C++语言中的令人费解、容易出错的“指针”，用其他方法进行弥补。

（3）避免了赋值语句（如 a=3）与逻辑运算语句（如 a==3）的混淆。

（4）取消了多重继承这一复杂的概念。

Java 语言的规范是公开的，可以在 http://www.sun.com 上找到它，阅读 Java 语言的规范是提高技术水平的好方法。

2. Java 语言的关键特性

Java 语言有许多有效的特性，吸引着程序员们，最主要的有以下几个：

（1）简洁有效。

Java 语言是一种相当简洁的“面向对象”程序设计语言。Java 语言省略了C++语言中所有的难以理解、容易混淆的特性，例如头文件、指针、结构、单元、运算符重载、虚拟基础类等。它更加严谨、简洁。

（2）可移植性。

对于一个程序员而言，写出来的程序如果不需修改就能够同时在 Windows、MacOS、UNIX 等平台上运行，简直就是梦寐以求的好事！而 Java 语言就让这个原本遥不可及的事越来越近了。使用 Java 语言编写的程序，只要做较少的修改，甚至有时根本不需修改，就可以在不同平台上运行了。

（3）面向对象。

“面向对象”是软件工程学的一次革命，大大提升了人类的软件开发能力，是一个伟大的进步，是软件发展的一个重大的里程碑。在过去的 30 年间，“面向对象”有了长足的发展，充分体现了其自身的价值，到现在已经形成了一个包含了“面向对象的系统分析”“面向对象的系统设计”“面向对象的程序设计”的完整体系。所以作为一种现代编程语言，是不能够偏离这一方向的，Java 语言也不例外。

3. 解释型

Java 语言是一种解释型语言，相对于 C/C++语言来说，用 Java 语言写出来的程序效率低，执行速度慢。但它正是通过在不同平台上运行 Java 解释器，对 Java 代码进行解释，来实现“一次编写，到处运行”的宏伟目标的。为了达到目标，牺牲效率还是值得的，况且，现在的计算机技术日新月异，运算速度也越来越快，用户是不会感到太慢的。

4. 适合分布式计算

Java 语言具有强大的、易于使用的联网能力，非常适合开发分布式计算的程序。Java 应用程序可以像访问本地文件系统那样通过 URL 访问远程对象。使用 Java 语言编写 Socket 通信程序十分简单，使用它比使用任何其他语言都简单。并且它还十分适用于公共网关接口（CGI）脚本的开发，另外，还可以使用 Java 小应用程序（Applet）、Java 服务器页面（Java Server Page，JSP）、Servlet 等手段来构建更丰富的网页。

5. 拥有较好的性能

正如前面所述，由于 Java 是一种解释型语言，所以它的执行效率相对就会慢一些，但由于 Java 语言采用了两种手段，其性能较好。

（1）Java 语言源程序编写完成后，先使用 Java 伪编译器进行伪编译，将其转换为中间码（也称为字节码）后再解释。

（2）提供了一种“准实时”（Just - in - Time，JIT）编译器，当需要更快的速度时，可以使用 JIT 编译器将字节码转换成机器码，然后将其缓冲下来，这样速度就会更快。

6. 健壮、防患于未然

Java 语言在伪编译时，做了许多早期潜在问题的检查，并且在运行时又做了一些相应的检查，可以说是一种最严格的“编译器”。它的这种“防患于未然”的手段将许多程序中的错误扼杀在“摇篮”之中。经常有许多在其他语言中必须通过运行才会暴露出来的错误，在 Java 中在编译阶段就被发现了。

另外，在 Java 语言中还具备了许多保证程序稳定、健壮的特性，有效地减少了错误，这样使 Java 应用程序更加健壮。

7. 具有多线程处理能力

线程，是一种轻量级进程，是现代程序设计中必不可少的一种特性。多线程处理能力使程序具有更好的交互性、实时性。Java 在多线程处理方面性能超群，具有让设计者惊喜的强大功能，并且在 Java 语言中进行多线程处理很简单。

8. 具有较高的安全性

由于 Java 语言在设计时，在安全性方面考虑很仔细，做了许多探究，使得 Java 语言成为目前最安全的一种程序设计语言。尽管 Sun 公司曾经许诺过：“通过 Java 可以轻松构建出防病毒、防黑客的系统。”但“世界上没有绝对的安全”这一真理是不会因为许诺而失灵验的。就在 JDK（Java Development Kit）1.0 发布不久后，美国 Princeton（普林斯顿）大学的一组安全专家发现了Java1.0安全特性中的第一例错误。从此，Java 安全方面的问题开始被关注。不过至今所发现的安全隐患都微不足道，并且 Java 开发组还宣称，他们对系统安全方面的 bug 非常重视，会对这些被发现的 bug 立即进行修复。同时，由于 Sun 公司开放了 Java 解释器的细节，所以有助于通过各界力量，共同发现、防范、消除这些安全隐患。

9. 是一种动态语言

Java 是一种动态的语言，这表现在以下两个方面：

（1）在 Java 语言中，可以简单、直观地查询运行时的信息；

（2）可以将新代码加入一个正在运行的程序中。

10. 是一种中性结构

“Java 编译器生成的是一种中性的对象文件格式。”也就是说，Java 编译器通过伪编译后，将生成一个与任何计算机体系统无关的“中性”的字节码。这种中性结构其实并不是 Java 首创的，在 Java 出现之前，UCSD Pascal 系统就已在一种商业产品中做到了这一点，另外，在 UCSD Pascal 之前也有这种方式的先例，在 Niklaus Wirth 实现的 Pascal 语言中就采用了这种降低一些性能，换取更好的可移植性和通用性的方法。

Java 的这种字节码经过了许多精心的设计，使得其能够很好地兼容于当今大多数流行的计算机系统，在任何机器上都易于解释，易于动态翻译成机器代码。

四、Java 虚拟机（JVM）

Java 虚拟机（JVM）是可运行 Java 代码的假想计算机。只要根据 JVM 规范描述将解释器移植到特定的计算机上，就能够保证经过编译的任何 Java 代码在该系统上运行。如图 1－1 所示。

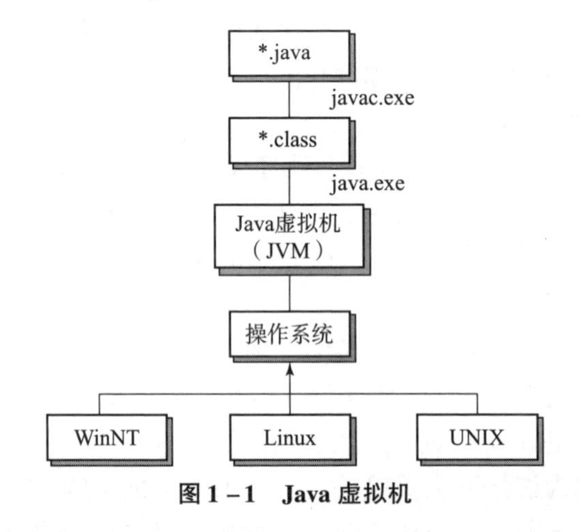

图 1－1　Java 虚拟机

从图 1－1 中不难看出 Java 实现可移植性的原因，只要在操作系统（WinNT、Linux、UNIX）中植入 JVM，Java 程序就具有可移植性，也符合 Sun 公司提出的口号“WriteOnce，Run Anywhere”（“一次编写，处处运行”）。

目前，Java 技术的架构包括以下三个方面：

（1）J2EE（Java 2 Platform Enterprise Edition，企业版），是以企业为环境而开发应用程序的解决方案。

（2）J2SE（Java 2 Platform Stand Edition，标准版），是桌面开发和低端商务应用的解决方案。

（3）J2ME（Java 2 Platform Micro Edition，小型版），是致力于消费产品和嵌入式设备的最佳解决方案。

五、JDK 的安装及环境变量的配置

要开发 Java 程序，首先必须要配置好环境变量，而 Java 的运行环境的配置比较麻烦，相信有些读者也会有这种体会，下面来看一下 JDK 的安装过程。在这里 JDK 选用的是 J2SDK1.4.2 版本。

安装分为两个步骤：

（1）首先准备好 JDK 的安装文件 j2sdk-1_4_0_03-windows-i586，如图 1-2 和图 1-3 所示。

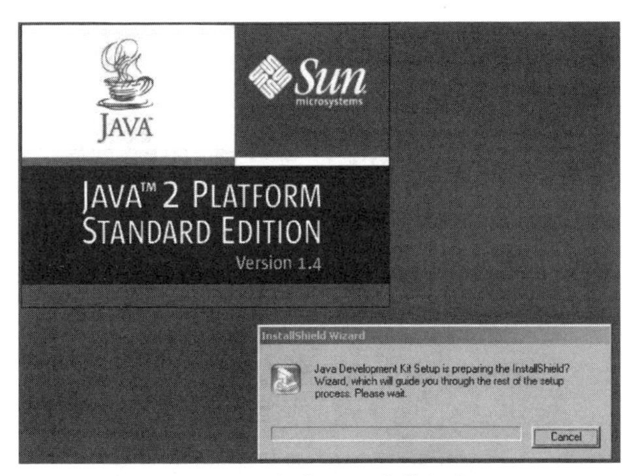

图 1-2　启动 JDK 安装程序

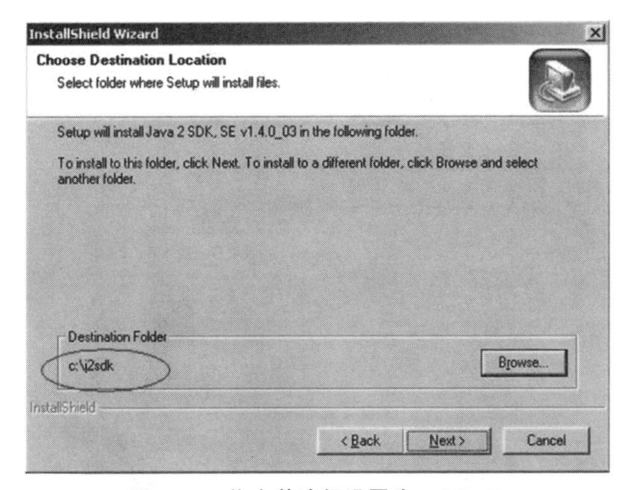

图 1-3　将安装路径设置为 c:\j2sdk

（2）配置环境变量 path。

之后根据默认的设置安装即可。

从图 1-1 可以看出，在编译 Java 程序时，需要用到 javac 这个命令，执行

Java 程序时，需要 java 这个命令，而这两个命令并不是 Windows 自带的，所以使用它们时，需要配置好环境变量，这样就可以在任何目录下使用这两个命令了。

设置环境变量的步骤为：

①在“我的电脑”上右击，选择“属性”→“高级”→“环境变量”→“Path”，如图 1－4 所示。

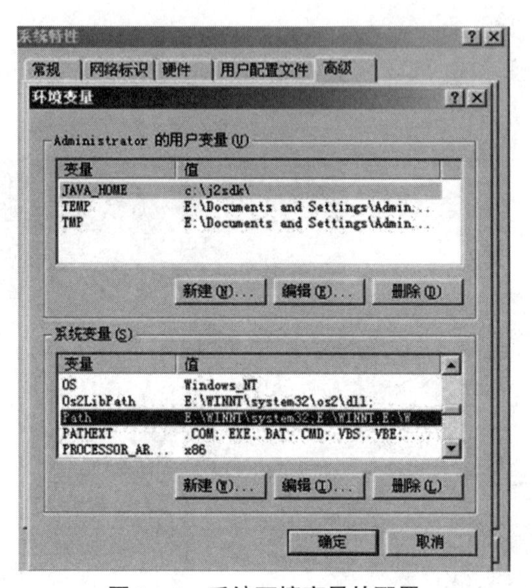

图 1－4　系统环境变量的配置

②在 Path 后面加上 c:\j2sdk\bin，c:\j2sdk 是安装 JDK 的路径，如图 1－5 所示。

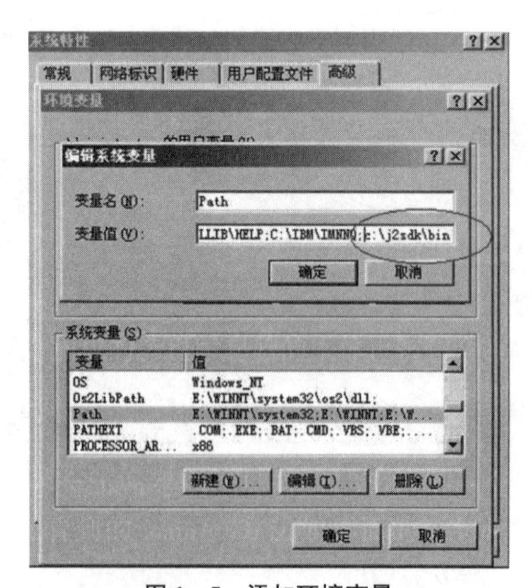

图 1－5　添加环境变量

这样就可以在任何目录下使用 javac 和 java 这两个命令了。

六、编写第一个 Java 程序

Java 程序分为两种形式：一种是网页上使用的 Java Applet 程序（Java 小程序），另一种是 Java Appliction 程序（即 Java 应用程序），本书主要讲解的是 Java Application 程序。

范例：Hello. java

```
01  public class Hello
02  {
03        //是程序的起点,所有程序由此开始运行
04        public static void main(String args[])
05        {
06              //此语句表示向屏幕上打印"Hello World !"字符串
07              System.out.println("Hello World !");
08        }
09  }
```

将上面的程序保存为 Hello. java 文件，并在命令行中输入“javac Hello. java”，没有错误后，输入“java Hello”。

输出结果：

```
Hello World!
```

程序说明：

在所有的 Java Application 程序中，所有程序都是从 public static void main (String args[ ]) 开始运行的，刚接触的读者可能会觉得有些难记，在后面的章节中会详细给读者讲解 main 方法的各个组成部分。

上面的程序如果暂时不明白，也没有关系，读者只要将程序都输入，之后按照步骤编译、执行就可以了。这里只是让读者对 Java Application 程序有初步印象，因为以后所有的内容都将围绕 Java Application 程序进行。

七、classpath 的指定

Java 中可以使用 set classpath 命令指定 java 类的执行路径。下面通过一个实验来了解 classpath 的作用，假设这里的 Hello. class 类位于 C 盘下。

在 D 盘下的命令行窗口中执行下面的指令：

```
set classpath=c:
```

之后在 D 盘根目录下执行 java Hello 程序，如图 1－6 所示。

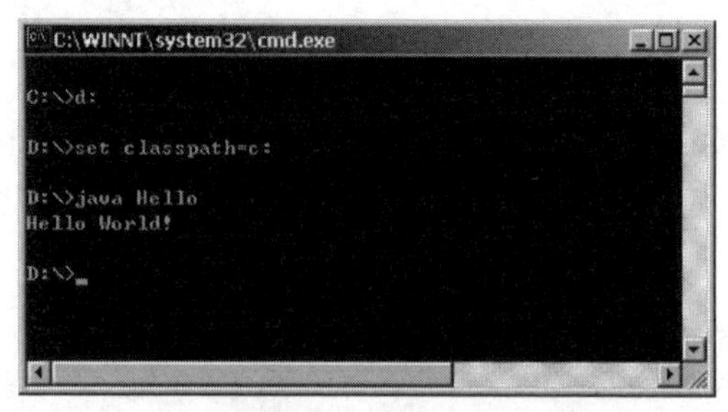

图1-6 输出结果

由上面的输出结果可以发现，虽然在 D 盘中并没有 Hello. class 文件，但却也可以用 java Hello 执行 Hello. class 文件，之所以会有这种结果，就是因为在 D 盘中使用了 set classpath 命令，将类的查找路径指向了 C 盘，所以，在运行时，会从 C 盘下开始查找。

第二节 Java 程序设计解析

本节介绍了修饰符、关键字及一些基本的数据类型。通过简单的范例，让读者了解到检测与提高程序可读性的方法，以培养读者正确的程序编写观念与习惯。

一、一个简单的例子

首先来看一个简单的 Java 程序。在介绍程序的内容之前，先简单回顾一下第一节讲解的例子，之后再来看下面这个程序，试试能否看出它是在做哪些事情。

代码范例 1.1：

```
01  //TestJava1.1.java,Java 的简单范例
02  public class TestJava1.1
03  {
04      public static void main(String args[])
05      {
06          int num;        //声明一个整型变量 num
07          num = 3;        //将整型变量赋值为 3
08          //输出字符串,这里用" + "号连接变量
9           System.out.println("这是数字" + num);
10          System.out.println("我有" + num + "本书!");
11      }
12  }
```

输出结果：

```
这是数字3
我有3本书！
```

从上面的输出结果中可以看出 System. out. println( )的作用，就是输出括号内所包含的文字，至于 public、class、static、void 这些关键字的意思，将在以后的章节中再做更深入一层的探讨。

程序说明：

（1）第1行为程序的注释，Java 语言的注释是以“//”标志开始的，注释有助于对程序的阅读与检测，被注释的内容在编译时不会被执行。

（2）第2行 public class TestJava1. 1 中的 public 与 class 是 Java 的关键字，class 为“类”的意思，后面接上类名称，在本程序中取名为 TestJava1. 1。public 则是用来表示该类为公有，也就是在整个程序里都可以访问到它。

需要注意的是，如果将一个类声明成 public，则也要将文件名称取成和这个类一样的名称，如图 1－7 所示。本例中的文件名为 TestJava1. 1. java，而 public 之后所接的类名称也为 TestJava1. 1。也就是说，在一个 Java 文件里，最多只能有一个 public 类，否则，文件便无法命名。

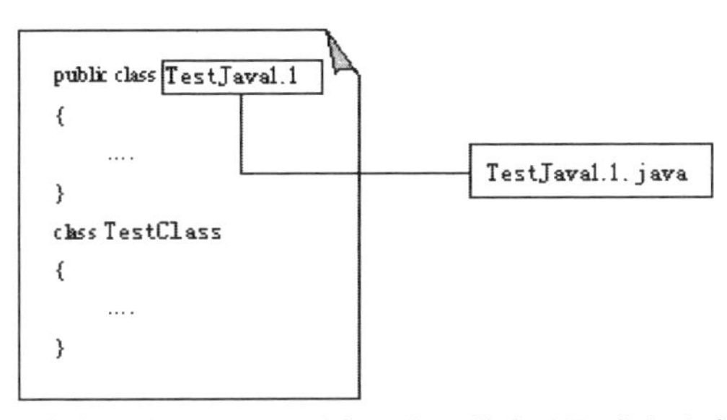

图 1－7 如果将类声明成 public，则也要将文件名称取成和这个类一样的名称

（3）第4行 public static void main(String args[ ]) 为程序运行的起点。第4～10行的功能类似于一般程序语言中的函数（function），但在 Java 中称为 method（方法），因此 C 语言里的 main( ) 函数（主函数），在 Java 中则被称为 main( )method（主方法）。

（4）main( )method 的主体（body）从第5行的左大括号“{”起，到第11行的右大括号“}”为止。每一个独立的 Java 程序一定要有 main( )method 才能运行，因为它是程序开始运行的起点。

（5）第6行“int num;”的作用是声明 num 为一个整数类型的变量。在使用变量之前，必须先声明其类型。

（6）第7行“num = 3;”为一赋值语句，即把整数 2 赋给存放整数的变量 num。

(7) 第9行的语句为：

```
System.out.println("这是数字"+num);
```

程序运行时，会在显示器上输出引号（" "）内所包含的内容。包括“这是数字”和整数变量 num 所存放的值两部分内容。

(8) System. out 是指标准输出，通常与计算机的接口设备有关，如打印机、显示器等。其后所续的文字 println，是由 print 与 line 组成的，意思是将后面括号中的内容打印在标准输出设备——显示器上。因此，第9行的语句执行完后会换行，也就是把光标移到下一行的开头继续输出。读者可以把 System. out. println( )，改成 System. out. print( )，看一下换行与不换行的区别。

(9) 第11行的右大括号则告诉编译器 main( )方法到这儿结束。

(10) 第12行的右大括号则告诉编译器 class TestJava1.1 到这儿结束。

这里只是简单介绍了 TestJava1.1 程序，相信读者已经对 Java 语言有了初步的了解。TestJava1.1 程序虽然很短，却是一个相当完整的 Java 程序！在后面的章节中，将会对 Java 语言的细节部分做详细的讨论。

二、简单的 Java 程序解析

1. 类（class）

Java 程序是由类（class）组成的，至于类的概念，在以后会有详细讲解，读者只要先记住所有的 Java 程序都是由类组成的就可以了。下面的程序片段即为定义类的典型范例：

```
public class Test    //定义 public 类 Test
{
    …
}
```

上面的程序定义了一个新的 public 类 Test，这个类的原始程序的文件名称应为 Test. java。类 Test 的范围由一对大括号所包含。public 是 Java 的关键字，指的是对类的访问方式为公有。

需要注意的是，由于 Java 程序是由类组成的，因此，在完整的 Java 程序里，至少需要有一个类。此外，本书曾在前面提到过在 Java 程序中，其原始程序的文件名不能随意命名，必须和 public 类名称一样，因此，在一个独立的原始程序里，只能有一个 public 类，但是可以有许多 non - public 类。

此外，若是在一个 Java 程序中没有一个类是 public，那么该 Java 程序的文件名就可以随意命名了。

2. 大括号、段及主体

将类名称定出之后，就可以编写类的内容了。左大括号“{”为类的主体开始标记，整个类的主体至右大括号“}”结束。每个命令语句结束时，必须以分号“;”做结尾。当某个命令的语句不止一行时，必须以一对大括号“{}”将这些语句包括起来，形成一个程序段（segment）或是块（block）。再以一个简单的程序为例来说明什么是段与主体。在下面的程序中，可以看到 main( ) 方法的主体以左、右大括号包围起来；for 循环中的语句不止一行，所以使用左、右大括号将属于 for 循环的段内容包围起来；整个程序语句的内容又被第 3 行与第 13 行的左、右大括号包围，这个块属于 public 类 TestJava1. 2 所有。

代码范例 1. 2：

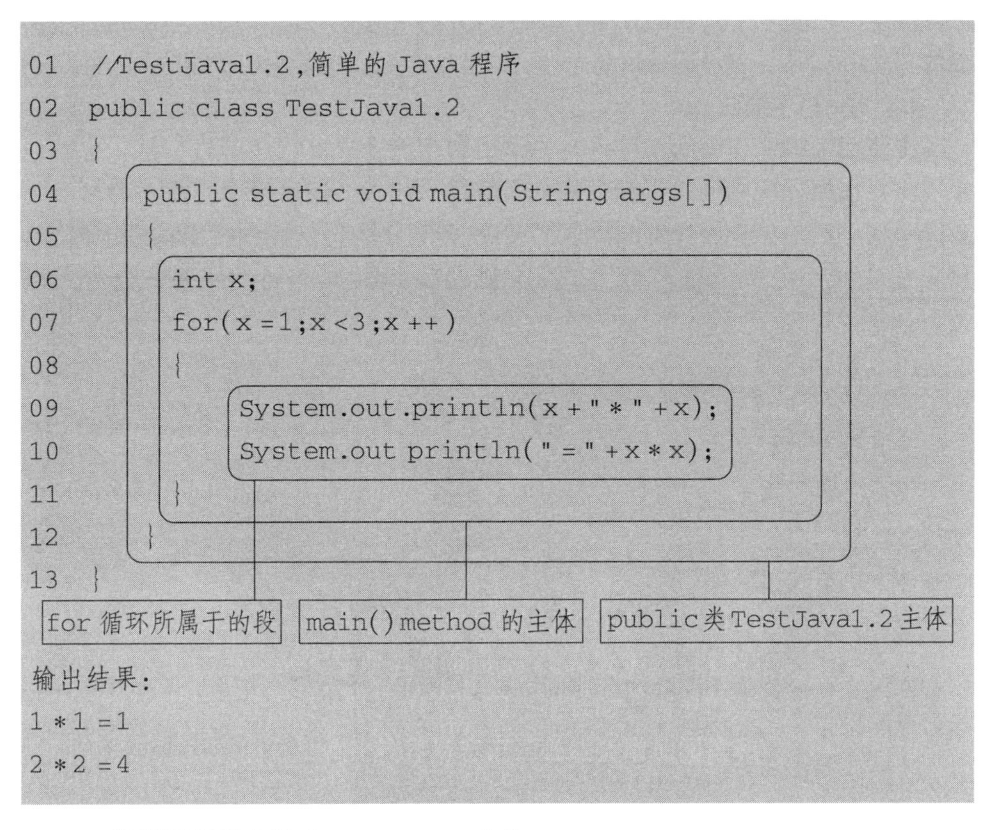

```
01  //TestJava1.2,简单的 Java 程序
02  public class TestJava1.2
03  {
04      public static void main(String args[])
05      {
06          int x;
07          for(x =1;x <3;x ++)
08          {
09              System.out.println(x + " * " +x);
10              System.out println( " = " +x * x);
11          }
12      }
13  }
```



```
输出结果:
1 *1 =1
2 *2 =4
```

3. 程序运行的起始点——main( ) 方法

Java 程序是由一个或一个以上的类组合而成的，程序起始的主体也被包含在类中。这个起始的地方称为 main( )，用左、右大括号将属于 main( ) 段内容包围起来，称为 method（方法）。

main( ) 方法是程序的主方法，在一个 Java 程序中，有且只能有一个 main( ) 方法，它是程序运行的开端，通常看到的 main( ) 方法如下面的语句片段所示：

```
public static void main(String args[])      /* main()方法,主
程序开始 * /
    {
        …
    }
```

如前一节所述，main( )方法之前必须加上“public static void”标识符。

public 代表 main( )公有的方法；static 表示 main( )在没有创建类对象的情况下，仍然可以被运行；void 则表示 main( )方法没有返回值。main 后的括号中的参数 String args[ ] 表示运行该程序时所需要的参数，这是固定的用法。

4. Java 程序的注释

注释用于解释程序的某些语句的作用和功能，提高程序的可读性。也可以使用注释在原程序中插入设计者的个人信息。此外，还可以用程序注释暂时屏蔽某些程序语句，让编译器暂时不要处理这部分语句，等到需要处理的时候，只需把注释标记取消就可以了。Java 里的注释根据不同的用途，分为三种类型：

（1）单行注释；

（2）多行注释；

（3）文档注释。

单行注释，就是在注释内容前面加双斜线（//），Java 编译器会忽略掉这部分信息。

如下所示：

```
int num ;   //定义一个整数
```

多行注释，就是在注释内容前面以单斜线加一个星形标记（/ * ）开头，并在注释内容末尾以一个星形标记加单斜线（ */）结束。当注释内容超过一行时，一般使用这种方法，如下所示：

```
/*
   int c =10 ; int x =5 ;
* /
```

文档注释，是以单斜线加两个星形标记（/ * * ）开头，并以一个星形标记加单斜线（ */）结束。用这种方法注释的内容会被解释成程序的正式文档，并能包含进如 javadoc 之类的工具生成的文档中，用于说明该程序的层次结构及其方法。

5. Java 中的标识符

Java 中的包、类、方法、参数和变量的名字，可由任意顺序的大小写字母、数字、下划线（_）和美元符号（$）组成，但标识符不能以数字开头，不能是 Java 中的保留关键字。

下面是合法的标识符：

```
yourname
your_name
_yourname
$yourname
```

下面是非法的标识符：

```
class
67.9
Hello Careers
```

提示

一些刚接触编程语言的读者可能会觉得记住上面的规则很麻烦，所以在这里提醒读者，标识符最好永远用字母开头，而且尽量不要包含其他的符号。

6. Java 的关键字

和其他语言一样，Java 中也有许多保留关键字，如 public、static 等，这些保留关键字不能当作标识符使用。下面列出了 Java 中的保留关键字，这些关键字并不需要读者去强记，因为一旦使用了这些关键字做标识符，编辑器会自动提示错误。

Java 中的保留关键字：

abstract	boolean	break	byte	case	catch
char	class	continue	default	do	double
else	extend	false	final	finally	float
for	if	implement	import	instanceof	int
interface	long	native	new	null	package
private	protected	public	return	short	static

synchronized	super	this	throw	throws	transient
true	try	void	volatile	while	

要特别注意的是，虽然 goto、const 在 Java 中并没有任何意义，却也是保留字，与其他的关键字一样，在程序里不能用来作为自定义的标识符。

7. 变量

变量在程序语言中扮演了最基本的角色。变量可以用来存放数据，而使用变量之前，必须先声明它所预保存的数据类型。Java 中变量的使用规则如下。

（1）变量的声明。

例如，想在程序中声明一个可以存放整型变量，这个变量的名称为 num，那么可在程序中写出如下语句：

```
int num;        //声明 num 为整型变量
```

int 为 Java 的关键字，代表整数（integer）的声明。若要同时声明多个整型变量，可以像上面的语句一样分别声明它们，也可以把它们写在同一个语句中，每个变量之间以逗号分开，如下面的写法：

```
int num,num1,num2;  //同时声明 num,num1,num2 为整型变量
```

（2）变量的数据类型。

除了整型之外，Java 还提供了多种其他数据类型，如长整型（long）、短整型（short）、浮点型（float）、双精度浮点型（double）、字符型（char）或字符串型（string）等。

（3）变量名称。

读者可以依据个人的喜好来决定变量的名称，这些变量的名称不能使用到 Java 的关键字。通常会以变量所代表的意义来取名（如 num 代表数字）。当然，也可以使用 a、b、c 等简单的英文字母代表变量，但是当程序很长时，需要的变量数量会很多，这些简单名称所代表的意义就比较容易忘记，必然会增加阅读和调试程序的难度。

（4）变量的设置。

给所声明的变量赋予一个属于它的值，用等号运算符（=）来实现。具体可使用如下所示的 3 种方法进行设置。

方法 1：在声明变量时的设置

例如，在程序中声明一个整型变量 num，并直接把这个变量赋值为 2，可以在程序中写出如下语句：

```
int num =2;     //声明变量,并直接设置
```

方法 2：声明后再设置

一般来说，也可以在声明后再给变量赋值。例如，在程序中声明整型变量 num1、num2 及字符变量 ch，并且给它们分别赋值，可以在程序中写出如下语句：

```
int num1,num2;//声明变量
char c;//声明变量
num1 =2;//赋值给变量
num2 =3;//赋值给变量
ch ='z';//赋值给变量
```

方法 3：在程序中的任何位置声明并设置

以声明一个整型变量 num 为例，可以等到要使用这个变量时，再给它赋值：

```
int num;     //声明变量
…
num =2;     //用到变量时,再赋值
```

8. println()

程序中经常出现“System. out. println()”语句，左、右括号之间的内容，即是要打印到显示器中的参数，参数可以是字符、字符串、数值、常量或表达式，参数与参数之间以括号作为间隔。

当参数为字符串时，以一对双引号(“”)包围；变量则直接将其名称作为参数；表达式作为参数时，要用括号将表达式包围起来。例如，想在屏幕上输出“我有 20 本书!”，其中 20 以变量 num 代替，程序的编写如下：

代码范例 1.3：

```
01  //下面这段程序采用声明变量并赋值的方式,之后在屏幕上打印输出
02  public class TestJava1.3
03  {
04          public static void main(String args[])
05          {
06                  int num =2 ;//声明变量并直接赋值为 2
07                  System.out.println("我有" +num +"本书!");
08          }
09  }
```

输出结果：

```
我有 20 本书!
```

在 TestJava1. 3 程序中，println()中的变量共有 3 个，以加号连接这些将被打

印的数据。在此，加号是合并的意思，并非算术运算符号。

三、程序的检测

代码范例 1.4：

```
01  //下面程序的错误属于语法错误,在编译的时候会自动检测到
02  public class TestJava1.4
03  {
04       public static void main(String args[])
05       {
06            int num1 =2;     //声明整数变量 num1,并赋值为 2
07            int num2 =3;     声明整数变量 num2,并赋值为 3
08
9              System.out.println("我有" +num1"本书!");
10            System.out.println("你有" +num2 +"本书!")
11       )
12  }
```

1. 语法错误

程序 TestJava1.4 在语法上犯了几个错误，若是通过编译器编译，便可以把这些错误找出来。首先，可以看到第 4 行，main()方法的主体以左大括号开始，应以右大括号结束。所有的括号都是成对的，因此，第 11 行 main()方法主体结束时，应以右大括号结尾，而本程序中却以右括号“)”结束。

注释的符号为“//”，但是在第 7 行的注释中，没有加上“//”。

在第 9 行中，字符串的连接中少了一个“+”号。

在第 10 行的语句结束时，少了分号。

上述的错误均属于语法错误。当编译程序发现程序有语法错误时，会把这些错误的位置指出，并告诉设计者错误的类型，可以根据编译程序所给的信息进行更正。将程序更改后重新编译，若还是有错误，再依照上述方法重复测试，这些错误将会被一一改正，直到没有错误为止。上面的程序经过检测、调试之后运行的结果如下：

输出结果：

```
我有 2 本书!
你有 3 本书!
```

2. 语义错误

当程序本身的语法都没有错误，但是运行后的结果却不符合设计者的要求

时，可能犯了语义错误，也就是程序逻辑上的错误。读者会发现，想要找出语义错误会比找语法错误更难，以下面的程序进行简单的说明。

代码范例1.5：

```
1  /* 下面这段程序原本是要计算一共有多少本书,但是由于错把加号写成
   了减号,造成了输出结果不正确,属于语义错误 */
02  public class TestJava1.5
03  {
04        public static void main(String args[])
05        {
06              int num1 =4 ;//声明整型变量 num1
07              int num2 =5 ;//声明整型变量 num2
08
9               System.out.println("我有 " +num1 +"本书! ");
10              System.out.println("你有 " +num2 +"本书! ");
11              //输出 num1 -num2 的值 s
12              System.out.println("我们一共有 " +(num1 -num2)
                + "本书! ");
13        }
14  }
```

输出结果：

```
我有 4 本书!
你有 5 本书!
我们一共有 -1 本书!
```

四、提高程序的可读性

能够写出一个程序的确很让人兴奋，但如果这个程序除了本人之外，其他人都很难读懂，那么就不是一个好的程序，所以每个程序设计者在设计程序时，都要学习程序设计的规范格式。除了加上注释之外，还应当保持适当的缩进。读者可以比较下面两个程序，看完之后，就会明白程序中使用缩进的好处了。

代码范例1.6：

```
01  //以下这段程序是有缩进的样例,可以发现这样的程序看起来比较清楚
02  public class Careers1.6
03  {
04        public static void main(String args[])
```

```
05        {
06             int x;
07
08             for(x =1;x <=3;x ++)
09             {
10                  System.out.print("x = " +x + ", ");
11                  System.out.println("x * x = " +(x*x));
12             }
13        }
14   }
```

下面是没有缩进的例子：

代码范例 1.7：

```
1/* 下面的程序与前面程序的输出结果是一样的,但不同的是,这个程序没有
    采用任何缩进,所以看起来很累 * /
02  public class TestJava1.7{
03  public static void main(String args[]){
04  int x; for(x =1;x <=3;x ++){
05  System.out.print("x = " +x + ", ");
06  System.out.println("x * x = " +(x*x));}}}
```

TestJava1.7 这个例子虽然简短，并且语法也没有错误，但是因为编写风格的关系，阅读起来没有 TestJava1.6 这个程序容易理解，所以建议读者尽量使用缩进，养成良好的编程习惯。

范例：TestJava1.6 和 TestJava1.7 运行后的输出结果如下：

```
x =1, x * x =1 x =2, x * x =4 x =3,x * x =9
```

第二章

面向对象编程设计的研究

第一节　接口和抽象类

要区分抽象类（abstract class）和接口（interface），必须先了解什么叫作抽象，抽象是将事物之间共同的特征提取出来的过程。抽象类和接口在Java语言中都是定义抽象层次的类的机制，正是由于这两种机制的存在，才赋予了Java强大的面向对象能力。

在面向对象的概念中，如果一个类中没有包含足够的信息来描绘一个具体的对象，那么这个类就是抽象类。在Java语言中，用abstract关键字来修饰抽象类。

代码范例2.1：

```
abstract class A{
   public abstract void f();
   public abstract void g();
   public void invoke(int value){
     if (value ==1)
        f();
     else
        g();
   }
}
class B extends A{
  public void f(){
     System.out.println("B.f()");
  }
  public void g(){
     System.out.println("B.g()");
```

```
    }
}
class C extends A{
    public void f(){
        System.out.println("C.f()");
    }
    public void g(){
        System.out.println("C.g()");
    }
}
```

代码范例2.1非常经典地揭示了抽象类的本质作用：将抽象方法延迟到子类去实现。A类中有两个抽象方法f()和g()，实现这些抽象方法的工作由子类区完成。这样做的好处，就是当系统的内容发生变化时，只要再做一个派生类就可以了，不必修改其他代码。

接口是Java语言中的一种特别重要的语法。值得注意的是，接口仅仅只是一种语法，是一种规范，本身并没有任何实质意义，如：

```
interface Fly{
    void fly();
}
```

在接口Fly中，并没有定义如何“飞”，也不关心是用翅膀飞翔还是用航空发动机作引擎去飞翔，仅仅声明了一个语法规范：fly()，至于怎么飞，那是子类的事情。接口的作用与抽象类的一样，将抽象方法延迟到子类去实现。但接口比抽象类更抽象，接口是一种更纯粹的抽象类，有其自身的特点。

Java中接口还有两个重要的特性：

(1) 接口中的成员变量都是常量；

(2) 接口中的成员默认都是public的。

之所以有这两个特性，是因为接口就是对用户的承诺，全世界都公开。

接口用途非常广泛，在Java开发中无处不在，那些“没必要过多使用接口”或者“从不使用接口”的言论是十分荒谬的。接口最重要的作用就是解除耦合(解耦)。

耦合是指两个实体相互依赖对方。比如在计算机硬件里，要设计一个系统，这个系统有一块主板，假如这个主板依赖于某种图形显示卡，则就意味着必须事先开发好这块图形显示卡，如果没有图形显示卡，则主板无法设计。更严重的是，如果图形显示卡又依赖于某种芯片，则必须先有芯片，才能开发出图形显示卡，接着才能开发这种主板。三者之间的开发工作是串行的。这种依赖显然是需要避免的，也就是说，必须将系统间的耦合程度降低。那么如何降低呢？可以考虑在不同硬件之间通过接口来进行衔接，定义好接口之后，任意的图形显示卡只要符合这个接口规范，就可以接入主板中，芯片、主板和接口的开发就可以同时进行了。

此外，耦合度过高的后果为：

（1）开发效率低下，因为成员之间的开发工作不能同时进行。

（2）如果一个系统原有的设计耦合凌乱，那么对任何一处的更改都会变得非常困难。就像一堆黏结在一起的物品，单独剥离某一个部分是不可能的，程序员必须进行全盘考虑，因此复杂度大大加强，难以理解，难以维护。

明白了什么叫耦合，并且知道耦合带来的缺陷后，来看如何通过接口降低甚至避免耦合。见代码范例 2. 2。

代码范例 2. 2：

```
class A{
  public void f(){}
}
class B{
  public void test(){
     A a = new A();
     a.fn();
  }
}
```

在上面这段代码中，不难看到，B 类为了能够调用 A 类对象的一个方法，直接在 B 类中出现了 A。如果 A 类由一个成员负责，B 类由另一个成员负责，那么，如果 A 类没有事先编译好，B 类能够成功编译吗？A 类和 B 类之间的开发是串行的，两者之间存在着耦合。借助接口解除耦合是最简单有效的方法，代码见范例 2. 3：

代码范例 2. 3：

```
interface I{
  public void fn();
}
```

```
class A implements I{
  public void f(){}
}
class B{
  public void test(I imps){
   //也可以将引用变量 imps 由方法的局部变量改为成员变量
     imps.fn();
  }
}
```

首先，在 B 类中没有出现 A，所以 A 和 B 之间是不存在耦合关系的。但有人认为 B 中有接口 I。接口是对用户的承诺，公开以后基本不会做出任何修改，所以在 B 中出现 I 是合情合理的。

其次，根据向上转型，test(I imps) 方法可以接受 A 的实例，通过动态绑定机制，会自动调用 A 类对象的 fn( ) 方法。更重要的是，这样做的好处是将来接口的任何子类都可以作为参数传入 test(I imps) 方法中。

抽象类和接口的区别如下。

第一，从语法角度对比：

（1）在抽象类中，可以有自己的数据成员，也可以有非抽象的成员方法，而在接口中，只能有静态的不能被修改的数据成员（也就是必须是 static final 的，不过在接口中一般不定义数据成员），所有的成员方法都是抽象的。从某种意义上说，接口是一种特殊形式的抽象类。

（2）Java 中类只能单继承，但接口可多实现。

（3）Java 接口和 Java 抽象类最大的一个区别，就是 Java 抽象类可以提供某些方法的部分实现，而 Java 接口不可以，这大概就是 Java 抽象类唯一的优点。不过这个优点非常有用。如果向一个抽象类中加入一个新的具体方法，那么它所有的子类都得到了这个新方法，而 Java 接口做不到这一点。

（4）一个抽象类的实现只能由这个抽象类的子类给出，也就是说，这个实现处在抽象类所定义的继承的等级结构中。而由于 Java 语言的单继承性，所以抽象类作为类型定义工具的效能大打折扣。在这一点上，Java 接口的优势就显现出来了，任何一个实现了 Java 接口所规定的方法的类都可以具有这个接口的类型，而一个类可以实现任意多个 Java 接口，从而这个类就有了多种类型。

第二，从设计角度对比：

抽象类在 Java 语言中体现了一种继承关系，要想使继承关系合理，父类和派生类之间必须存在“is a”关系，即父类和派生类在概念上，本质上应该是相同的。对于接口来说则不然，并不要求接口的实现者在本质上是一致的。

代码范例2.4：

```
interface Fly{
    public void f();
}
class Bird implements Fly{
    public void fn(){
        System.out.println("小鸟飞");
    }
}
class Plane implements Fly{
    public void fn(){
        System.out.println("飞机飞");
    }
}
```

这里的接口Fly仅仅定义了一个“飞”的规范（记住，仅仅是规范），没有具体的实现，Bird有自己“飞”的方式，Plane也有自己“飞”的方式，但Bird和Plane两者之间没有任何联系，仅仅是实现了同一个接口而已。

大多数人认为，接口的意义在于顶替多重继承。众所周知，Java没有C++那样多重继承的机制，但是却能够实现多个接口。其实这样理解是很牵强的，接口和继承是完全不同的，接口没有能力代替多重继承，也没有这个义务。接口的作用，一言以蔽之，就是把不同类型的类归于不同的接口，这样可以更好地管理它们。

如果一定要赋予接口一种角色，可以将接口理解为“功能的定义”，接口的实现类则具备了该功能。比如上面的Bird和Plane类，可以理解为具备了“飞”的功能。还有上面的Hero类，可以理解为具备了“fight”“swing”和“fly”的功能，但本质上，Hero还是“ActionCharacter”。

接口和抽象类在设计层面上的区别见表2-1。

表2-1　接口和抽象类在设计层面上的区别

父类	与子类B的关系	说明
接口A	子类B是接口A的实现类	子类具备了接口A所定义的功能
抽象类A	子类继承抽象类A	子类B本质上是A，或者说是A的一种

使用接口与使用抽象类都有一个共同点：防止客户端程序员创建该类的对象。这就带来一个问题：应该使用接口还是抽象类？

（1）如果要创建不带任何方法定义和成员变量的基类，那么应该选择接口而不是抽象类。

（2）必须确认放在抽象类中的代码一定是适合它的所有子类的，如果不是或无法确定，那么就使用接口。接口不属于本质继承，不相关的类可以实现同一个接口。

（3）事实上，如果知道某事物应该成为一个基类，那么第一选择应该是使它成为一个接口，只有在强制必须要具有方法定义和成员变量的时候，才应该选择抽象类，或者在必要时使其成为一个具体类。

（4）通过把子类共同的地方向上转移到父类中，就可以使用抽象类。比如，代码范例 2.5 就不合适。

代码范例 2.5：

```
interface A{
  public void f();
}
class Bimplements A{
   public void fn(){
      System.out.println("A");
      System.out.println("B");
      System.out.println("B.fn()");
   }
}
class Cimplements A{
   public fn(){
      System.out.println("A");
      System.out.println("B");
      System.out.println("C.fn()");
   }
}
```

不合适的原因就是子类 B 和 C 中出现了重复代码，如果将这些重复代码交给父类去实现，就可以增加代码的重用性。

第二节　重载和覆盖

重载（overloading）是 Java 实现面向对象的多态性机制的一种方式。同一个类中多个方法有相同的名字、不同的参数列表（参数顺序、个数或类型不同时），这种情况称为方法重载。返回类型不同，并不足以构成方法重载。当重载方法被调用时，编译器根据参数的类型和数量来确定实际调用哪个重载方法的版本。

通过重载可以实现“同一种表达方式具有多个表达结果”。在不支持方法重载的语言中，每个方法必须有唯一的名字。但是，人们经常希望实现数据类型不同但本质上相同的方法。重载的价值在于它允许相关的方法可以使用同一个名字来访问。

方法覆盖（override）是 Java 实现多态性机制的另一种方式。在类层次结构中，如果子类中的一个方法与父类中的方法有相同的方法名并具有相同数量和类型的参数列表，这种情况称为方法覆盖。

方法覆盖相对重载而言，要更复杂。

代码范例 2.6：

```
public class PrivateOverride {
    private void f() {
        System.out.println("private f()");
    }
    public static void main(String[] args) {
        PrivateOverride po = new Derived();
        po.f();
    }
}
class Derived extends PrivateOverride {
    public void f() {
        System.out.println("public f()");
    }
}
```

所期望的输出是“public f( )”，但是由于 private 方法被自动认为是 final 方法，并且对派生类是屏蔽的。因此，在这种情况下，Derived 类中的 f( ) 方法就是一个全新的方法；既然基类中 f( ) 方法在子类 Derived 中不可见，因此也就没有被覆盖。

只有非 private 方法才可以被覆盖。要密切注意覆盖 private 方法的现象，虽然编译不会出错，但是不一定会按照所期望的来执行。在派生类中，对于基类中的 private 方法，最好用一个不同的名字。

代码范例 2.7：

```
class Base{
    int x =2;
    int f(){
        return x;
    }
}
class Sub extends Base{
    int x =3;
    int f(){
        return x;
    }
}
class Test {
    public static void main(String [] args){
        Base b = new Sub ();
        System.out.println(b.x);
        System.out.println(b.f());
    }
}
```

运行结果如图 2 – 1 所示。

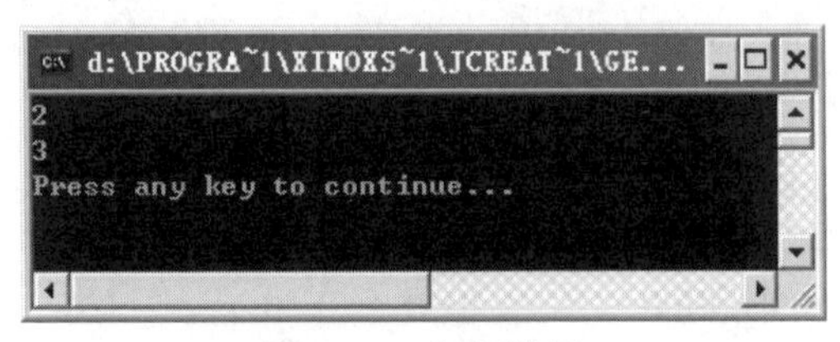

图 2 – 1　运行结果

属性既可以继承，也可以“覆盖”。但是属性没有多态性。声明的类型决定了对象的属性。声明变量 b 后，能访问的对象只是 Base 部分；Sub 的特殊部分是隐藏的。这是因为编译器应意识到，b 是一个 Base，而不是一个 Sub。

当方法覆盖时，应该遵守以下三条规则：

（1）必须有一个与它所覆盖的方法相同的返回类型。

（2）不能比它所覆盖的方法访问性差，即在继承关系中，子类方法覆盖父类方法时，子类方法的控制访问符的开放性要和父类一样或高于父类（即不能低于父类）。

（3）不能比它所覆盖的方法抛出更多的异常。

方法重载和覆盖的差异相同点如下。

（1）都是 Java 实现面向对象的多态性机制的一种方式，只不过方法重载是前期绑定，方法覆盖是后期绑定；

（2）重载和覆盖时都要求方法名相同；

（3）都可以用于抽象方法和非抽象方法。

两者的不同点：

（1）方法的重载是在同一个类中多个方法（包括从父类中继承而来的方法）有相同的名字、不同的参数列表（顺序、个数或类型不同时）。当重载方法被调用时，编译器根据参数的类型和数量来确定实际调用哪个重载方法。

（2）方法覆盖是在类层次结构中，子类中的一个方法与父类中的方法有相同的方法名，并具有相同数量和类型的参数列表。当一个覆盖方法通过父类引用被调用时，Java 根据当前被引用对象的类型来决定执行哪个版本的方法。

（3）方法覆盖要求返回类型必须一致，而方法重载对此不做限制。

（4）方法覆盖对方法的访问权限和抛出的异常有特殊的要求，而方法重载在这方面没有任何限制。

（5）父类的一个方法只能被一个子类覆盖一次，而一个方法在所在的类中可以被重载多次。

第三节　类的执行顺序

Java 中父类内部程序的执行顺序如下。

（1）父类的静态成员赋值和静态块。

（2）子类的静态成员和静态块。

（3）父类的成员赋值和初始化块。

（4）父类的构造方法。

（5）父类的构造方法中的其他语句。

（6）子类的成员赋值和初始化块。

（7）子类的构造方法中的其他语句。

代码范例 2.8：

```
public class Test2 extends Test1{
    //非 static 语句块
    {
        System.out.println("1");
    }
```

```
    Test2(){
        System.out.println ("2");
    }

        //static 语句块
    static{
        System.out.println ("3");
    }

    {
        System.out.println ("4");
    }

    public static void main(String[] args) {
        new Test2();
    }
}
class Test1 {
    Test1(){
        System.out.println ("5");
    }

    {
        System.out.println ("6");
    }

    static{
        System.out.println ("7");
    }
}
```

程序运行结果如图 2-2 所示。

程序运行的过程和原理如下。

(1) 作为程序的入口 main(),这里必然是整个程序的入口。

(2) 当 main()中实例化 Test2 这个类时,即运行 new Test2(),则开始整个程序。

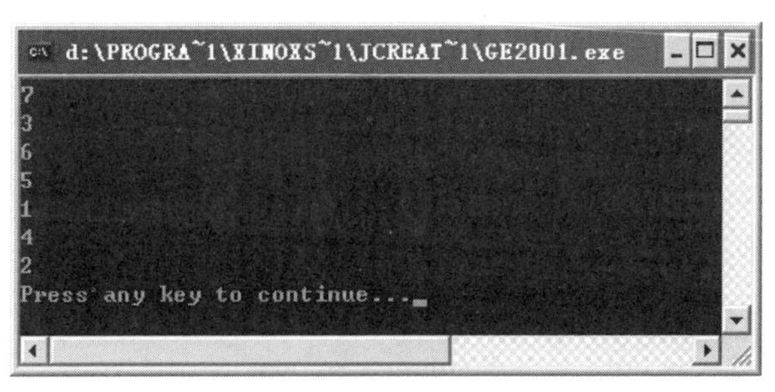

图 2-2　程序运行结果

（3）由于 Test2 类继承了 Test1 类，也就是说，Test2 是 Test1 的子类。由于子类是父类的继承和扩展，所以，子类要实现父类的方法，父类一定会先实现。

（4）静态初始化块 static{}是所有类方法中最先执行的，并且只执行一次。所以，Test2 类中先执行这个方法，但是这个方法又是从父类 Test1 中继承来的，按照第（3）步的思想，必须先执行 Test1 中的 static。所以，这个程序就先输出“7”，再输出“3”。

（5）执行父类的初始化块，则程序再输出“6”。

（6）执行父类的构造方法 Test1()，则程序再输出“5”。

（7）执行子类初始化块，所以，再输出“1”“4”（两个初始化块按代码的先后执行）。

（8）执行子类构造函数，即 Test2()，输出“2”。

第四节　字符串类

String、StringBuilder 和 StringBuffer 的区别如下。

String 是字符串常量，StringBuffer 是线程安全字符串变量，StringBuilder 是非线程安全字符串变量。

1. java.lang.String 类

String 是不可变的对象，因此，每次对 String 类型进行改变，其实都相当于生成了一个新的 String 对象，然后将指针指向新的 String 对象，所以经常改变内容的字符串最好不要用 String，因为每次生成对象都会对系统性能产生影响，特别是当内存中垃圾对象（没有引用指着的对象）很多时，虚拟机的垃圾回收机制就起作用，从而影响系统的性能。

如果使用 StringBuffer，每次结果都会对 StringBuffer 对象本身进行操作，而不是生成新的对象。所以一般推荐使用 StringBuffer，特别是字符串对象经常改变的情况下。在某些特别情况下，String 对象的字符串拼接其实是被 JVM 解释成了 StringBuffer 对象的拼接，这时 String 对象的速度并不会比 StringBuffer 对象的慢，特别是以下字符串对象的生成中，String 的效率比 StringBuffer 的快很多：

```
String S1 = "This is only a" + "simple" + "test";
StringBuffer Sb =
new StringBuilder("This is only a").append("simple").append("test");
```

你会很惊讶地发现，生成 String S1 对象的速度实在太快了，此时 StringBuffer 在速度上居然一点都不占优势。在 JVM 中，

String S1 = "This is only a" + " simple" + "test";

其实就是：

String S1 = "This is only a simple test";

所以当然不需要太多的时间了。但是要注意的是，如果字符串来自另外的 String 对象，那么速度就没那么快了，譬如：

String S2 = "This is only a";

String S3 = "simple";

String S4 = "test";

String S1 = S2 + S3 + S4;

这时 Java 虚拟机会规规矩矩地按照原来的方式去做。

在大部分情况下，StringBuffer 类的效率要高于 String 类。

2. java. lang. StringBuffer

java. lang. StringBuffer 是线程安全的可变字符序列，是一个类似于 String 的字符串缓冲区，但不能修改。虽然在任意时间点上它都包含某种特定的字符序列，但通过某些方法调用，可以改变该序列的长度和内容。

可将字符串缓冲区安全地用于多个线程。可以在必要时对这些方法进行同步，因此，任意特定实例上的所有操作就好像是以串行顺序发生的，该顺序与所涉及的每个线程进行的方法的调用顺序一致。

StringBuffer 上的主要操作是 append 和 insert 方法，可重载这些方法，以接受任意类型的数据。每个方法都能有效地将给定的数据转换成字符串，然后将该字符串的字符追加或插入字符串缓冲区中。append 方法始终将这些字符添加到缓冲区的末端，而 insert 方法则在指定的点添加字符。

例如，如果 z 引用一个当前内容是“start”的字符串缓冲区对象，则此方法调用 z. append("le")会使字符串缓冲区包含“startle”，而 z. insert(4,"le")将更改字符串缓冲区，使其包含“starlet”。

3. java. lang. StringBuilder

java. lang. StringBuilder 是一个可变的字符序列。此类提供一个与 StringBuffer 兼容的 API，但不保证同步。该类被设计用作 StringBuffer 的简易替换，用在字符串缓冲区被单个线程使用的时候（这种情况很普遍）。如果可能，建议优先使用该类，因为在大多数实现中，它比 StringBuffer 要快。两者的方法基本相同。

第三章
多线程设计研究

第一节　线程概念

要了解什么线程，首先必须学习进程的概念。进程是指运行中的应用程序，每一个进程都有自己独立的内存空间。一个应用程序可以同时启动多个进程。例如 IE 浏览器程序，每打开一个 IE 浏览器窗口，或者新建一个 IE 浏览器的选项卡，就启动了一个新的进程，所以说进程是“运行中”的程序。

线程是比进程更小的单位，一般是指进程中的一个执行流程。一个进程可以只有一个线程，也可以被分解为多个线程。即在一个进程中可以同时运行多个不同的线程，它们分别执行不同的任务，这种情况也被称为“并发运行”。

线程与进程的主要区别是：每个进程都需要操作系统为其分配独立的内存地址空间，而同一进程中的所有线程在同一地址空间中工作，这些线程可以共享同一块内存和系统资源。

线程在它的生命周期中会处于各种不同的状态。

➤ 新建状态（New）：用 new 语句创建的线程对象处于新建状态，此时它和其他 Java 对象一样，仅仅在堆区中被分配了内存。

➤ 就绪状态（Runnable）：当一个线程对象创建后，其他线程就进入就绪状态，Java 虚拟机会为它创建方法调用栈和程序计数器。处于这个状态的线程位于可运行池中，等待获得 CPU 的使用权。

➤ 运行状态（Running）：处于这个状态的线程占用 CPU，执行程序代码。在并发运行环境中，如果计算机只有一个 CPU，那么任何时刻只会有一个线程处于这个状态。如果计算机有多个 CPU，那么同一时刻可以让几个线程占用不同的 CPU，使它们都处于运行状态。只有处于就绪状态的线程，才有机会转到运行状态。

➤ 阻塞状态（Blocked）：阻塞状态是指线程因为某些原因放弃 CPU，暂时停止运行。当线程处于阻塞状态时，Java 虚拟机不会给线程分配 CPU，直到线程重新进入就绪状态，它才有机会转到运行状态。

➤ 死亡状态（Dead）：当线程退出 run( )方法时，就进入死亡状态，该线程结束生命周期。线程有可能是正常执行完 run()方法而退出，也有可能是遇到异常而退出。不管线程正常结束还是异常结束，都不会对其他线程造成影响。

第二节 Thread 与 Runnable

代码范例 3.1：

```
class MyThread extends Thread {
    public void run() {
        System.out.println("MyThread: run()");
    }

    public void start() {
        System.out.println("MyThread: start()");
    }
}

class MyRunnable implements Runnable {
    public void run() {
        System.out.println("MyRunnable: run()");
    }

    public void start() {
        System.out.println("MyRunnable: start()");
    }
}

public class Test {
    public static void main(String[] args) {
        MyThread myThread = new MyThread();
        MyRunnable myRunnable = new MyRunnable();
        Thread thread = new Thread(myRunnable);
        myThread.start();
        thread.start();
    }
}
```

结果：

```
MyThread: start()
MyRunnable: run()
```

首先，MyThread 继承自 Thread，并且覆盖了 start( ) 方法，所以，当其实例 Thread 时，不会再执行 run( ) 方法中的代码。其实这也是个“没用的线程了”。

所以先打印：MyThread：start( ) 。

其次，MyRunnable 实现了 Runnable 接口，Runnable 接口就一个 run( ) 方法。Thread thread = new Thread(myRunnable)；这句代码，根据 Runnable 的实例创建了一个 Thread 实例，该 Thread 实例的 start 方法会执行 run( ) 方法中的代码。

所以又打印：MyRunnable：run( )。

Thread 与 Runnable 的区别如下。

简单地说，由于 Java 是单继承的，因此实现 Runnable 接口更灵活。

稍微复杂点的情况是：Runnable 接口只有一个方法，那就是 run( )，但是如果想对它做一些 Thread 对象才能做的事情（比如 toString( ) 里面的getName( ) ），就必须用 Thread. currentThread( ) 去获取其引用。Thread 类有一个构造函数，可以用 Runnable 和线程的名字作参数。

如果对象是 Runnable 的，那么只说明它有 run( ) 方法。也就是说，不会因为它是 Runnable 的，就具备了线程的先天功能，这一点与 Thread 的派生类不同。所以，必须像例程那样，用 Runnable 对象去创建线程。把 Runnable 对象传给 Thread 的构造函数，创建一个独立的 Thread 对象。接着再调用那个线程的 start( )，由它进行初始化，然后线程的调度机制就能调用 run( ) 了。

Runnable 接口的好处在于，所有内容都属于同一个类。也就是说，Runnable能创建基类和其他接口的混合类。如果要访问其他内容，直接访问即可，不用再一个一个地打交道。但是内部类也有这个功能，它也可以直接访问宿主类的成员。所以这个理由不足以说服放弃 Thread 的内部类而去使用 Runnable 的混合类。

Runnable 的意思是，要用代码（也就是 run( ) 方法）来描述一个处理过程，而不是创建一个表示这个处理过程的对象。在如何理解线程方面，一直存在着争议。这取决于将线程看作是对象还是处理过程。如果认为它是一个处理过程，那么就摆脱了“万物皆对象”的教条。但与此同时，如果只想让这个处理过程掌管程序的某一部分，那么就没有理由让整个类都成为 Runnable 的。

第三节　线程调度

sleep( ) 、yield( ) 、join( ) 的作用和区别如下。

这三个方法都是用于线程调度的，为了真正了解这三个方法的作用，必须首先深入了解 Java 的线程调度机制。

计算机只有一个 CPU，在任意时刻只能执行一条机器指令，每个线程只有获得 CPU 的使用权才能执行指令。所谓多线程并发，其实是指从宏观上看，各个线程轮流获得 CPU 的使用权，分别执行各自的任务。线程的调度就是指按照特定的机制为多个线程分配 CPU 的使用权。目前有两种调度模型：分时调度模型和抢占式调度模型。

分时调度模型是指让所有线程轮流获得 CPU 的使用权，平均分配每个线程占用 CPU 的时间片。Java 体系中使用的是第二种调度模型——抢占式调度模型，即优先让可运行池中优先级高的线程占用 CPU，如果优先级都一样，可随便选择一个线程占用 CPU。处于运行期的线程会一直占用 CPU，直到它不得不放弃 CPU，这就是 Java 的线程调度机制。

Java 的线程不是分时调度的，同时启动多个线程后，不能保证各个线程轮流获得均等的 CPU 时间，代码范例 3.2 及其输出的结果可以证明这一点。

代码范例 3.2：

```
public class Test extends Thread {
    private static StringBuffer log =new StringBuffer();
    private static int count =0;
    public void run() {
        for (int a =0; a <20; a ++) {
            log.append(currentThread().getName() + ":" + a + "");
            if ( ++count % 10 ==0) {
                log.append(" \n");
            }
        }
    }
    public static void main(String[] args) throws Exception {
        Test t1 =new Test();
        Test t2 =new Test();
        t1.setName("t1");
        t2.setName("t2");
        t1.start();
        t2.start();
        while (t1.isAlive() ||t2.isAlive()) {
            Thread.sleep(500);
        }
```

```
        System.out.println(log);
    }
}
```

上述代码的可能运行结果是：

```
t1:0t2:0t1:1t2:1t1:2t2:2t1:3t2:3t1:4t2:4
t1:5t2:5t1:6t2:6t1:7t2:7t1:8t2:8t1:9t2:9
t1:10t2:10t1:11t2:11t1:12t2:12t1:13t2:13t1:14t2:14t1:15
t1:16t2:15t1:17t2:16t1:18t2:17t1:19t2:18t2:19
```

由上面的结果可以看出，t1 和 t2 使用 CPU 完全是随机的和任意的。如果希望明确一个线程给另外一个线程运行的机会，可以使用下面三个方法：

- 让处于运行状态的线程调用 Thread. sleep( ) 方法。
- 让处于运行状态的线程调用 Thread. yield( ) 方法。
- 让处于运行状态的线程调用另一个线程的 join( ) 方法。

下面分别介绍这三种方法：

第一种 Thread. sleep( ) 方法是让线程睡眠，当一个线程在运行中执行了 sleep( ) 方法时，它就会放弃 CPU，转到阻塞状态。如对代码范例 3. 2 中的run( ) 方法做如下修改。

代码范例 3. 3：

```
public void run() {
    for (int a =0; a <20; a ++) {
        log.append(currentThread().getName() + ":" + a + "");
        if ( ++count % 10 ==0) {
            log.append(" \n");
        }
        try{
            sleep(100);
        }
        catch(InterruptedException e){
            throw new RuntimeException(e);
        }
    }
}
```

上述代码的可能结果是：

```
t1:0t2:0t1:1t2:1t1:2t2:2t1:3t2:3t2:4t1:4t1:5
t2:5t2:6t1:6t1:7t2:7t1:8t2:8t1:9t2:9t2:10
t1:10t1:11t2:11t1:12t2:12t2:13t1:13t2:14t1:14t2:15
t1:15t2:16t1:16t1:17t2:17t2:18t1:18t1:19t2:19
```

假定某一时刻 t1 线程获得 CPU，开始执行一次 for 循环，当它执行 sleep( ) 方法时，就会放弃 CPU 并开始睡眠。接着 t2 线程获得 CPU，也开始执行一次 for 循环，当它执行 sleep( ) 方法时，就会放弃 CPU 并开始睡眠。假设此时 t1 线程已经结束睡眠，就会获得 CPU，继续执行，依次循环。

第二种 Thread. yield( )方法进行进程调度。当线程在运行中执行了 Thread 类的 yield( )方法时，如果此时具有相同优先级的其他线程处于就绪状态，那么 yield( )方法将把当前运行的线程放到可运行池中并使另一个线程运行。如果没有相同优先级的可运行线程，那么 yield( )方法将什么也不做。如对代码范例 3. 1 中的 run 方法做如下修改。

代码范例 3. 4：

```
public void run() {
    for (int a =0; a <20; a ++) {
        log.append(currentThread().getName() + ":" + a + "");
        if ( ++count % 10 ==0) {
            log.append(" \n");
        }
        yield();
    }
}
```

上述代码的可能运行结果是：

```
t1:0t1:1t1:2t1:3t1:4t2:0t1:5t2:1t1:6t2:2
t1:7t2:3t1:8t2:4t1:9t2:5t1:10t2:6t1:11t2:7
t1:12t2:8t1:13t2:9t1:14t2:10t1:15t2:11t1:16t2:12
t1:17t2:13t1:18t2:14t1:19t2:15t2:16t2:17t2:18t2:19
```

通过对比结果可以得出结论。sleep( )方法和 yield( )方法都是 Thread 类的静态方法，都会使当前处于运行状态的线程放弃 CPU，把运行机会让给其他线程，两者的区别在于：

➢ sleep( )方法会给其他线程机会，而不考虑其他线程的优先级，因此会给较低优先级线程一个运行的机会；而 yield( ) 方法只会给相同优先级或者更高优先级的线程一个运行机会。

➢ 线程执行 sleep( ) 方法后，将转到阻塞状态；而执行 yield( ) 方法后，会转到就绪状态。

➢ sleep( ) 方法有异常抛出，yield( ) 方法则没有。

➢ sleep( ) 方法比 yield( ) 方法有更好的移植性，真实项目中很少使用 yield( ) 方法。

第三种进行进程调度的方法是调用另一个线程的 join( ) 方法。当前运行线程可以调用另一个线程的 join( ) 方法，当前线程转到阻塞状态，直到另一线程结束，它自己才能恢复运行。

代码范例 3.5：

```
public class Test extends Thread{

  public void run(){
     for(int a =0;a <50;a ++){
        System.out.println(getName() + ":" +a);
     }
   }
   public static void main(String[] args) throws Exception{
      Test t =new Test();
      t.setName("t1");
      t.start();
      System.out.println("main:join test");
      t.join();
      System.out.println("main:end");
   }
}
```

上述代码的运行结果为：

```
main:join test
t1:0
t1:1
…
t1:48
t1:49
main:end
```

运行结果已经对 join 方法做出很好的解释了。

第四节 案　　例

案例：写四个线程，实现有两对数自减，有两对数自加。

代码范例 3.6：

```
public class TreadText {
    private int j;

    public static void main(String[] args) {
        TreadText text = new TreadText();
        Inc inc = text.new Inc();
        Dec dec = text.new Dec();
        for (int i = 0; i < 2; i ++) {
            Thread t = new Thread(inc);
            t.start();
            t = new Thread(dec);
            t.start();
        }
    }
    private synchronized void inc() {
        j ++;
        System.out.println(Thread.currentThread().getName()
 + "gaobe A - 当前线程 - 值" + j);
    }
    private synchronized void dec() {
            j --;
        System.out.println(Thread.currentThread().getName()
 + "gaobe B 当前线程 - 值" + j);
    }

    class Inc implements Runnable {
        public void run() {
            for (int i = 0; i < 100; i ++) {
                inc();
            }
        }
    }
```

```
    class Dec implements Runnable {
        public void run() {
            for (int i =0; i <100; i ++) {
                dec();
            }
        }
    }
}
```

第四章

Java 集合框架设计研究

第一节　Java 的集合框架

Java 中的集合就是指一个容器，一个可以持有多个对象的容器。集合框架是为表示和操作集合而规定的一种统一的标准的体系结构。任何集合框架都包含三大块内容：对外的接口、接口的实现和对集合运算的算法。

对外的接口：表示集合的抽象数据类型。接口提供了对集合中所表示的内容进行单独操作的可能。

接口的实现：集合框架中接口的具体实现。实际它们就是那些可复用的数据结构。

算法：在一个实现了某个集合框架中的接口的对象上完成某种有用的计算的方法，例如查找、排序等。这些算法通常是多态的，因为相同的方法在同一个接口被多个类实现时，可以有不同的表现。事实上，算法是可复用的函数。

Java 中的集合框架的简单框图如图 4－1 所示。

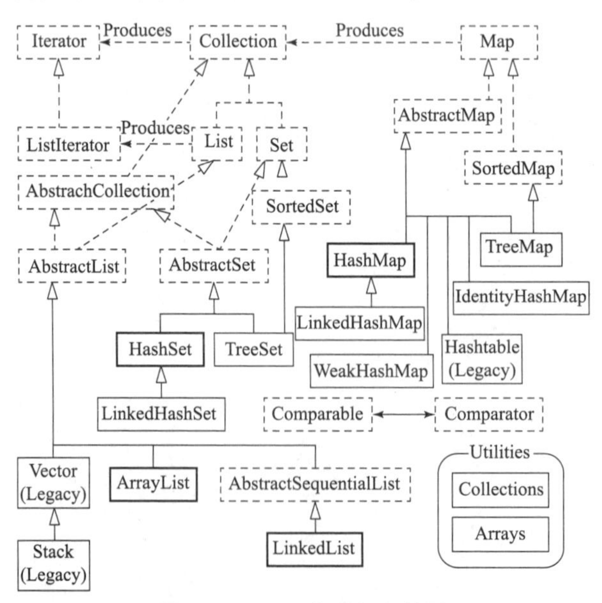

图 4－1　Java 集合框架简图

如图 4 - 1 所示，在图中包含接口、抽象类和类三种类型，其中：

接口：短虚线表示，表示不同集合类型，是集合框架的基础。

抽象类：长虚线表示，对集合接口的部分实现，可扩展为自定义集合类。

实现类：实线表示，对接口的具体实现。

在很大程度上，一旦理解了集合框架中的接口，就可以理解整个框架。虽然平时编程总要创建接口特定的实现，但访问实际集合的方法应该限制在接口方法的使用上。因此，允许更改基本的数据结构而不必改变其他代码。常用的几个接口的含义如下。

➢ Collection 接口：一组允许重复的对象。

➢ Set 接口：继承自 Collection 接口，但不允许重复，使用自己内部的一个排列机制。

➢ List 接口：继承自 Collection 接口，允许重复，以元素安插的次序来放置元素，不会重新排列。

➢ Map 接口：是一组成对的键 - 值对象，即所持有的是 key - value pairs。Map 中不能有重复的键。其拥有自己的内部排列机制。

注意：JDK1.5 之前的集合框架中，所有对象放入集合框架时，都会被向上转型为 Object 类型；从集合中取出对象时，又要进行向下转型。要频繁地转型，容易出错。JDK1.5 以后，通过泛型这一概念来简化和健壮集合框架的使用。

第二节　ArrayList 与 LinkedList

代码范例 4.1：

```
/*
 * Student 类
 */
public class Student {
    private String name;
    private int age;
    private String sex;
    private double score;

    public Student(){
        name = null;
        age = 0;
        sex = "女";
        score = 0.0;
    }
```

```
public Student(String name, int age, String sex, double score){
      this.name = name;
      this.age = age;
      this.sex = sex;
      this.score = score;
   }
   public String getName() {
      return name;
   }

   public void setName(String name) {
      this.name = name;
   }

   public int getAge() {
      return age;
   }

   public void setAge(int age) {
      this.age = age;
   }

   public String getSex() {
      return sex;
   }

   public void setSex(String sex) {
      this.sex = sex;
   }

   public double getScore() {
      return score;
   }

   public void setScore(double score) {
      this.score = score;
   }
   public String toString() {
      return "姓名:" + name + ";年龄:" + age + ";性别:" + sex +
";平均分:" + score;
   }
}
```

代码范例4.2：

```
/*
 *比较器 StudentComparable
 */
import java.util.Comparator;
public class StudentComparable implements Comparator <
Student >{
    public int compare(Student stu1, Student stu2) {
        if(stu1.getScore() > stu2.getScore()){
            return 1;
        }
        else if(stu1.getScore() < stu2.getScore()){
            return -1;
        }
        else{
            return 0;
        }
    }
}
```

代码范例4.3：

```
/*
 *ArrayList 与 LinkedList 分别实现各种操作
 *
 */
import java.util.ArrayList;
import java.util.Collections;
import java.util.LinkedList;
import newer.ch02.ex1.StudentComparable;
public class Test {
    public static void main(String[] args) {
        ArrayList <Student > list1 =new ArrayList <Student >();
        for(int i =0; i <10000; i ++){
            Student temp =new Student();
            list1.add(temp);
        }
```

```
        LinkedList<Student> list2 = new LinkedList<Student>();
        for(int i = 0; i < 10000; i ++){
            Student temp = new Student();
            list2.add(temp);
        }
         list1.get(5000);
        list2.get(5000);
         Collections.sort(list1,new StudentComparable());
        Collections.sort(list2,new StudentComparable());
        for(int i = 0;i < list1.size();i ++){
            list1.remove(i);
        }
        for(int i = 0;i < list2.size();i ++){
            list2.remove(i);
        }
    }
}
```

对于处理一列数据项，Java 提供了两个类：ArrayList 和 LinkedList。ArrayList 的内部实现是基于内部数组 Object[ ]，所以，从概念上讲，它更像数组，但 LinkedList 的内部实现是基于一组连接的记录，它更像一个链表结构。

它们在性能上有很大的差别。在 ArrayList 的前面或中间插入数据时，必须将其后的所有数据相应地后移，这样必然要花费较多时间。当操作是在一列数据的后面添加数据而不是在前面或中间添加，并且需要随机地访问其中的元素时，使用 ArrayList 会提供比较好的性能；而访问链表中的某个元素时，必须从链表的一端开始沿着连接方向一个元素一个元素地去查找，直到找到所需的元素为止。所以，当操作是在一列数据的前面或中间添加或删除数据，并且按照顺序访问其中的元素时，就应该使用 LinkedList 了。如果在编程中，两种情形交替出现，这时可以考虑使用 List 这样的通用接口，而不用关心具体的实现。在具体的情形下，它的性能由具体的实现来保证。

第三节　集合排序

有如代码范例 4.4 所示的集合，分别依据年龄和平均分对其进行排序。

代码范例 4.4：

```
/*
 * ArrayList 与 LinkedList 分别实现各种操作
 */
public class Test {
    public static void main(String[] args) {
        ArrayList<Student> list = new ArrayList<Student>();
        Student stu1 = new Student("张三",18,"男",90);
        Student stu2 = new Student("李四",15,"男",60);
        Student stu3 = new Student("王五",20,"女",100);
        Student stu4 = new Student("赵六",23,"男",80);
        Student stu5 = new Student("阿七",19,"女",70);
        list.add(stu1);
        list.add(stu2);
        list.add(stu3);
        list.add(stu4);
        list.add(stu5);
    }
}
```

List（不管是 ArrayList 还是 LinkedList）只能对集合中的对象按索引位置排序，如果希望对 List 中的对象按其他特定方式排序，可以借助 Comparator 接口和 Collections 类。Collections 类是 Java 集合框架中的辅助类，它提供了操纵集合的各种静态方法（这些方法将在下一节中介绍），其中 sort( )方法用于对 List 中的对象进行排序。

sort( )方法有如下两个重载：

➢ sort（List list）：对 List 中的对象进行自然排序。

➢ sort（List list，Comparator comparator）：对 List 中的对象进行特定的排序，comparator 对象指定比较的方式，有时也被称为比较器。

几乎所有的排序都是基于比较的，也就是说，要进行排序，首先必须保证待排序的对象是可以比较大小的。比如，本例中的 Student 类的对象，目前来看，无法比较 stu1 和 stu2 的大小，所以对集合进行排序的前提是使对象可比较。当然，如果集合中的对象本身可比较，那么就不需要了。比如 ArrayList <Integer> 集合，由于整型本身就已经可比较了，这时就可以调用 Collections. sort( )方法的第一个重载来实现排序。

要使学生对象可比较，有两种方式：第一种，使 Student 类实现 Comparable 接口；第二种，编写专门的比较器 Comparator。下面首先来看第一种方式：

修改后的 Student 类如代码范例 4.5 所示，粗体部分是增加的部分。

代码范例 4.5：

```
/*
 *ArrayList 与 LinkedList 分别实现各种操作
 */
public class Student implements Comparable<Student> {
    ... ... //与代码范例 4.1 相同部分
    ... ...//与代码范例 4.1 相同部分

    @Override
    public int compareTo(Student stu) {
        if (this.score<stu.score) {
            return -1;
        } else if (this.score>stu.score) {
            return 1;
        } else {
            return 0;
        }
    }
}
```

如果代码范例 4.5 这样修改，那么就意味着 Student 对象之间的大小比较是依据平均分 score 进行的。现在可以借助 Collections 的 sort( )方法进行排序，当然也是对 score 排序。

代码范例 4.6：

```
/*
 *ArrayList 与 LinkedList 分别实现各种操作
 */
public class Test {
    public static void main(String[] args) {
        ArrayList<Student> list =new ArrayList<Student>();
        ... ...
         //代码范例 4.4 部分
        Collections.sort(list);
        for(Student s : list){
            System.out.println(s);
        }
    }
}
```

代码范例 4.6 的输出如图 4 - 2 所示。

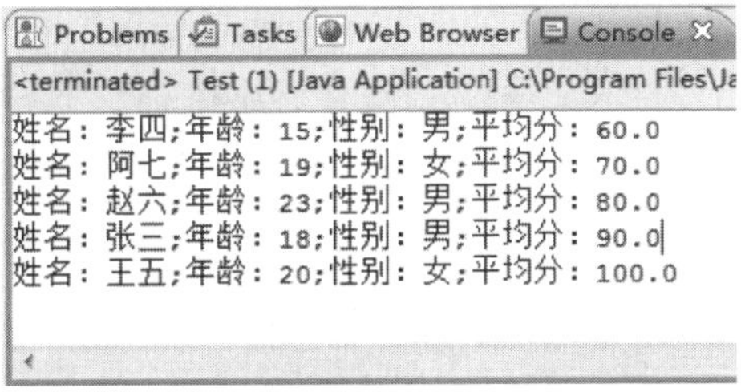

```
Problems  Tasks  Web Browser  Console
<terminated> Test (1) [Java Application] C:\Program Files\Ja
姓名: 李四;年龄: 15;性别: 男;平均分: 60.0
姓名: 阿七;年龄: 19;性别: 女;平均分: 70.0
姓名: 赵六;年龄: 23;性别: 男;平均分: 80.0
姓名: 张三;年龄: 18;性别: 男;平均分: 90.0
姓名: 王五;年龄: 20;性别: 女;平均分: 100.0
```

图 4 - 2　第一种方式按 score 排序结果示例

按第一种方式——Student 类实现 Comparable 接口，这种方式有一个缺点，就是 Student 类中只能编写一个 compareTo( ) 方法。也就是说，只能按照一个指标进行排序，如本题中要分别实现按 score 和 age 进行排序，就不能采用第一种方式，需要第二种方式，编写专门的比较器 Comparator。本例中，可以编写两个比较器分别实现对 score 和 age 的比较，如代码范例 4.7 和代码范例 4.8 所示。

代码范例 4.7：

```
/*
 * ArrayList 与 LinkedList 分别实现各种操作
 */
public class StudentAgeComparator implements Comparator <
Student > {
    public int compare(Student stu1, Student stu2) {
        if(stu1.getAge() > stu2.getAge()){
            return 1;
        }
        else if(stu1.getAge() < stu2.getAge()){
            return -1;
        }
        else{
            return 0;
        }
    }
}
```

代码范例 4.8：

```
/*
 * ArrayList 与 LinkedList 分别实现各种操作
 * /
public class StudentScoreComparator implements Comparator <
Student > {
    public int compare(Student stu1, Student stu2) {
        if (stu1.getScore() > stu2.getScore()) {
            return 1;
        } else if (stu1.getScore() < stu2.getScore()) {
            return -1;
        } else {
            return 0;
        }
    }
}
```

有了代码范例 4.7 和代码范例 4.8 这两个比较器之后，就可以根据需要对 Student 集合进行排序了，如代码范例 4.9 所示。

代码范例 4.9：

```
/*
 * ArrayList 与 LinkedList 分别实现各种操作
 * /
public class Test {
    public static void main(String[] args) {
        ... ...
        //代码范例 4.4 部分

        System.out.println("按年龄排序的结果为:");
        Collections.sort(list, new StudentAgeComparator());
        for (Student s : list) {
            System.out.println(s);
        }
        System.out.println("按平均分排序的结果为:");
        Collections.sort(list, new StudentScoreComparator());
        for (Student s : list) {
            System.out.println(s);
        }
    }
}
```

代码范例 4.9 的运行结果如图 4－3 所示。

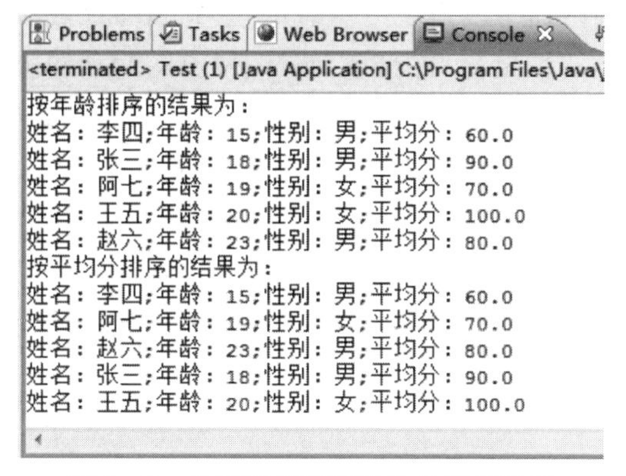

图 4－3　分别按年龄和平均分进行排序

第四节　负载因子

HashSet 和 HashMap 都运用哈希算法来存取元素。哈希表中的每个位置也称为桶（bucket）。当发生哈希冲突时，在桶中以链表的形式存放多个元素。图 4－4 显示了 HashSet 和 HashMap 存放数据时采用的数据结构。

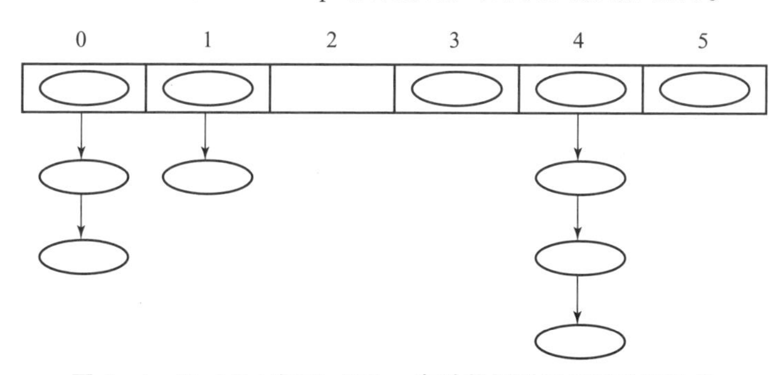

图 4－4　HashSet 和 HashMap 存放数据时采用的数据结构

HashSet 和 HashMap 都有以下属性：

➢ 容量（capacity）：哈希表中桶的数量。例如图 4－4 中共有 6 个桶，所以容量就为 6。

➢ 初始容量（initial capacity）：创建 HashSet 和 HashMap 对象时桶的数量。在 HashMap 和 HashSet 的构造方法中，允许设置初始容量。

➢ 大小（size）：元素的数目。在图 4－4 中，共有 11 个元素，那么大小就是 11。

➢ 负载因子（load factor）：等于 size/capacity。负载因子为 0，表示空的哈希表；负载因子为 0.5，表示半满的哈希表，依此类推。轻负载的哈希表具有冲突小、适于查找和插入的优点。HashSet 和 HashMap 的构造方法允许设置负载因子，当哈希表的当前负载达到用户指定的负载因子时，HashSet 和 HashMap 会自动成倍地增加容量（即桶的数量)，并且重新分配原有的元素的位置。

HashSet 和 HashMap 的默认负载因子为 0.75，它表示除非哈希表的 3/4 已经被填满，否则，不会自动成倍地增加哈希表的容量。这个默认值很好地权衡了时间与空间的成本。如果负载因子过高，虽然会减少对内存空间的需求，但会增加查找数据的时间开销，而往往查找是最频繁的操作。在 HashMap 的 get( ) 和 put( )方法中都涉及查找操作，因此负载因子不宜设得太高。

第五章

反射的研究

第一节　Java 的类加载机制和反射机制

Java 中类文件加载是动态的。JVM 指令是被封装在了 .class 文件里面，而 .class文件的加载过程是动态的，也就是说，当用到的时候才会去加载，如果不用，就不会去加载类。这里用到两种方式：第一种就是实例化一个对象的时候，这个时候要特别注意，当设计到多态的时候，就会有一点点变化，这时编译器会做一些优化，这样当加载时，会提前加载涉及的类，关于这一点，可用代码范例 5.1 来说明；另一种就是当一个类的静态代码被调用的时候。

代码范例 5.1：

```
abstract class Animal {
    Animal() {
        System.out.println("Animal constructor");
    }
}
class Tiger extends Animal {
    Tiger() {
        System.out.println("Tig constructor ");
    }
}
class Dog extends Animal {
    Dog() {
        System.out.println("Dog Constructor ");
    }
}
```

```
public class Demo {
    //private Animal am;
    private Dog am;
    private Tiger tiger;

    Demo() {
        tiger = new Tiger();
        am = new Dog();
    }

    public static void main(String[] args) {
        System.out.println("new Zoo before");
        Demo z = new Demo();
        System.out.println("new Zoo after ");
    }
}
```

上述代码中不管注释行是否注释，结果都会是：

```
new Zoo before
Animal constructor
Tiger constructor
Animal constructor
Dog Constructor
new Zoo after
```

可以看出，当将子类对象赋值给父类时，编译器会做一点优化，于是加载器在还没有实例化子类对象时，就已经加载了父类及子类；当不存在多态时，当要 new Dog()时，才会加载 Dog 及父类。无论何种方式，在实例化之前，类确实已经加载到了内存中。

反射机制（Reflection）是 Java 程序开发语言的特征之一，它允许运行中的 Java 程序对自身进行检查，对于任意一个类，都能够知道这个类的所有属性和方法；对于任意一个对象，都能够调用它的任意一个方法。这种动态获取的信息及动态调用对象的方法的功能称为 Java 语言的反射机制。

Java 反射机制主要提供了以下功能：在运行时判断任意一个对象所属的类；在运行时构造任意一个类的对象；在运行时判断任意一个类所具有的成员变量和方法；在运行时调用任意一个对象的方法；生成动态代理（Spring 框架中的 AOP

原理就是基于动态代理)。

那么为什么使用反射机制呢？在做 Web 服务的类型映射的时候，由于对象的内容是动态生成的，所以不能事先在 WSDL 文档中建立映射，解决办法就是传递这些对象字段的字符串形式。在客户端，通过另外的 Web 服务可以得到每种类型的 Class 类，然后动态地生成相应对象。

第二节　使用 Class 类

Class 类属于 java. lang 包，不需要使用 import 语句引入就可以使用，其对象代表一个类，携带类的相应信息，主要包括构造函数、方法、成员变量等。在 Java 中，每个类都有一个相应的 Class 对象。编写一个类，将其编译完成后，在生成的 . class 文件中，就会产生一个 Class 对象，用于表示这个类的类型信息。在普通应用程序中，这些对象由系统自动维护，开发人员不需要关心。

Class 类中提供了很多用来加载及获取对应类信息的方法。因为 Class 类中没有公共构造方法，所以不可以使用 Class 类的构造函数来创建 Class 类对象。可以通过另外几种途径来获取 Class 类对象：

➢ 利用对象调用 getClass( )方法获取该对象的 Class 类对象。

➢ 使用 Class 类的静态方法 forName(String className)，用类的名称（全称类名）获取一个 Class 类对象。

➢ 运用 . class 的方式来获取 Class 类对象，对于基本数据类型的封装类，可以采用 . TYPE 来获取相对应的基本数据类型的 Class 类对象。

代码范例 5. 2 分别演示了这三种方式。

代码范例 5. 2：

```
public class Demo {
    public static void main(String[] args) {
        Demo test = new Demo();

        //通过 getClass()方法获取
        Class c1 = test.getClass();
        System.out.println("c1: " + c1.getName());

        //通过 forName()方法获取
        try {
            Class c2 = Class.forName("test.Demo");
            System.out.println("c2: " + c2.getName());
        } catch (ClassNotFoundException e) {
```

```
            e.printStackTrace();
        }

        //通过.class 方式获取
        Class c3 = Demo.class;
        System.out.println("c3: " + c3.getName());

        Class c4 = int.class;
        System.out.println("c4: " + c4.getName());

        Class c5 = Integer.class;
        System.out.println("c5: " + c5.getName());

        //封装类通过.TYPE 方式获取
        Class c6 = Integer.TYPE;
        System.out.println("c6: " + c6.getName());
    }
}
```

第三节　使用反射获得对象类型

代码范例 5.3：

```
class MyFather {

}
//用来精确判断类型的类
class MyClass extends MyFather {

}

//主类
public class Demo {
    public static void main(String args[]) {
        try {
            //创建 MyClass 类对象
```

```
        MyClass mc = new MyClass();
        //用 instanceof 判断类型
        System.out.print("instanceof 的判断结果:");
        if (mc instanceof MyFather) {
            System.out.println("对象是 MyFather 类型的!!!");
        } else {
            System.out.println ( " 对 象 不 是 MyFather 类
型的!!!");
        }
        //用反射精确判断类型
        System.out.print("反射的判断结果:");
        if (mc.getClass ( ) == Class. forName ( " test.MyFa-
ther")) {
            System.out.println("对象是 MyFather 类型的!!!");
        } else {
            System.out. println ( " 对 象 不 是 MyFather 类
型的!!!");
        }
    } catch (Exception e) {
        e.printStackTrace();
    }
  }
}
```

第1~2、3~4行声明了两个类：MyClass 与 MyFather，其中 MyClass 继承了 MyFather。第16~26行使用 instanceof 判断 MyClass 对象是否可以看作 MyFather 类型的。第10~15行使用反射精确判断 MyClass 对象是否是 MyFather 类型的。上述代码的输出结果如下。

instanceof 的判断结果：对象是 MyFather 类型的!!!

反射的判断结果：对象不是 MyFather 类型的!!!

从上述结果可以看出，instanceof 进行的是类型兼容的判断，子类对象可以看作父类类型；而使用反射进行的判断是精确类型的，如果类型不精确匹配，则不能通过。这是因为 Class 对象采用的是类似单例模式的策略，每个类在系统中只有一个对应的 Class 对象，所以可以进行精确类型的判断。

如果想获取某个类对应的 Class 对象，不仅可以采用静态工厂或对象提供的 getClass 方法，也可以使用“<类名>.class”。这里的“class”可以看作是类的静态成员，表示指向此类对应的 Class 对象的引用。将范例5.3中第16行修改为 if(mc.getClass() == MyFather.class)后再次编译运行，结果与上面结果完全相同。

第四节 Class 类的方法

编写两个通用的方法如下。

(1) 只需要一个 Object 对象和一个属性名。

完成对该属性的读操作。

(2) 只需要一个 Object 对象、一个属性名和属性值。

完成对该属性的写操作。

代码范例 5.4：

```
//类 A
public class A {
    public int a_id;
    public String a_name;
    public static float a_score = 0.0f;
}

//类 ReflectBean
import java.lang.reflect.Field;
public class ReflectBean {
    //取得对象属性
public Object getProperty(Object owner, String fieldName)
throws  Exception {
    //得到该对象的 Class
    Class ownerClass = owner.getClass();
    //通过 Class 得到类声明的属性
    Field field = ownerClass.getField(fieldName);
    /* 通过对象得到该属性的实例,如果这个属性是非公有的,这里会报 Il-
legalAccessException */
    Object property = field.get(owner);
    return property;
    }
    //设置对象属性
```

```
public void setProperty(Object owner, String fieldName,Ob-
ject value)
throws  Exception {
    //得到该对象的 Class
    Class ownerClass = owner.getClass();
    //通过 Class 得到类声明的属性
    Field field = ownerClass.getField(fieldName);
    /* 通过对象得到该属性的实例,如果这个属性是非公有的,这里会报 Il-
legalAccessException * /
    field.set(owner, value);
    }
    //取得类属性
public Object getStaticProperty(String className, String
fieldName) throws Exception {
        //首先得到这个类的 Class
        Class ownerClass = Class.forName(className);
        //和上面一样,通过 Class 得到类声明的属性
        Field field = ownerClass.getField(fieldName);
        /* 这里和上面有些不同,因为该属性是静态的,所以直接从类的
Class 里取 * /
        Object property = field.get(ownerClass);
        return property;
        }
}

//测试类 TestReflect
public class TestReflect {
    /* *
     * @ param args
     * /
    public static void main(String[] args) {
        //TODO Auto - generated method stub
       A a = new A();
       ReflectBean r = new ReflectBean();
       try {
        r.setProperty(a,"a_id",1);
        System.out.println(r.getProperty(a,"a_id"));
```

```
        r.setProperty(a,"a_name","小明");
        System.out.println(r.getProperty(a,"a_name"));

        r.setProperty(a,"a_score",78.9f);
        System.out.println(r.getProperty(a,"a_score"));

    } catch (Exception e) {
        //TODO Auto - generated catch block
        e.printStackTrace();
    }
    }
}
```

上述代码只是一种解决方案，大家可自行编写类似代码。

在反射中常用的 API 有以下几个，下面一一举例来说明。

Field 类的对象代表成员变量，携带成员变量的信息。与 Class 类类似，Field 类的对象不可以通过构造函数创建，其对象都是通过 Class 对象提供的一系列 get( )方法获得。对于 getType( )方法，如果 Field 对象所对应成员变量为基本数据类型，则返回的类型为“ <基本数据类型封装类名 >. TYPE”。即每种基本数据类型对应的类对象，都可以使用“基本数据类型封装类名 >. TYPE”获得。

代码范例 5. 5：

```
import java.lang.reflect.Field;

//自定义用来测试的类
class Student {
    public int sage;//年龄
    private int sno;//学号
    public boolean gender;//性别 true - 男 false - 女
    public String sname;//姓名
    //构造函数
    public Student(int sage, int sno, boolean gender, String
sname)
    {
        this.sage = sage;
        this.sno = sno;
```

```
        this.gender = gender;
        this.sname = sname;
    }
}

//主类
public class Sample05 {
    public static void main(String args[]) {
        try {
            //创建 Student 类对象
            Student tom = new Student(21, 10001, true, "Tom");
            //获取 Student 类对应的 Class 对象
            Class dc = tom.getClass();
            //获取 Student 类所有可以访问的成员变量对应的 Field 数组
            Field[] fieldArray = dc.getFields();
            //打印 Student 类对象各成员变量的详细信息
            System.out.println("成员变量名\t 成员变量类型\t\t 成
员变量值");
            int size = fieldArray.length;
            //循环处理 Field 数组
            for (int i = 0; i < size; i ++) {
                Field tempf = fieldArray[i];
                //打印成员变量名称
                System.out.print(tempf.getName() + "\t\t");
                //打印成员变量类型
                System.out.print(tempf.getType().toString() +
((tempf.getType().toString().length() > 7) ? "\t": "\t\t\t"));
                //打印成员变量值
                System.out.println(tempf.get(tom));
            }
        } catch (Exception e) {
            e.printStackTrace();
        }
    }
}
```

Method 类的对象代表一个方法，携带方法的相关信息。与 Field 类类似，Method 类的对象不可以通过构造函数创建，其对象都是通过 Class 对象提供的一系列 get 方法获得。

代码范例 5.6:

```
import java.lang.reflect.Method;
//自定义用来测试的类
class ForMethod {
    //声明静态方法 sayHello,功能为在屏幕上打印字符串
    public static void sayHello(String name) {
        System.out.println("你好," + name + "!!!");
    }
    //声明非静态方法 generateNum,功能为产生 min 与 max 之间的随机数
    public String generateNum(int max, int min) {
        return (Math.random() * (max - min) + min) + "";
    }
}
//主类
public class Sample06 {
    public static void main(String args[]) {
        try {
            //创建 ForMethod 类对象
            ForMethod fm = new ForMethod();
            //获取 ForMethod 类对应的 Class 对象
            Class fmc = fm.getClass();
            //获取可以访问的方法对应的 Method 数组
            Method[] ma = fmc.getMethods();
            //对数组进行扫描打印方法的信息
            System.out.println("方法名称\t 返回值类型\t\t 参数列
表");
            int size = ma.length;
            for (int i = 0; i < size; i ++) {
                Method tempm = ma[i];
                //打印方法名称
                String mname = tempm.getName();System.out.print
(mname + ((mname.length() >7) ? "\t": "\t\t"));
```

```
            //打印方法的返回值类型
            String mReturnType = tempm.getReturnType().get-
Name();System.out.print(mReturnType + ((mReturnType.length
() >15)? "\t": (mReturnType.length() >10) ? "\t\t": "\t\t\
t"));
            //循环打印方法的参数序列
            Class[] ca = tempm.getParameterTypes();
            int csize = ca.length;
            if (csize == 0) {
                System.out.print("没有参数");
            }
            for (int j = 0; j < csize; j ++) {
                System.out.print(ca[j].getName()
                    + ((j == csize -1) ? "": ", "));
                }
                //换行
                System.out.println();
            }
            //通过反射调用静态方法 sayHello
            System.out.println("通过反射调用静态方法 sayHello");
            ma[0].invoke(null, new Object[] { "newer"});
            //通过反射调用非静态方法 generateNum
            System.out.println("通过反射调用非静态方法 gene-
rateNum");
            System.out.println(ma[1].invoke(fm, new Object[] {
                new Integer(100), new Integer(1000) }));
        } catch (Exception e) {
            e.printStackTrace();
        }
    }
}
```

第六章

Socket 编程的研究

第一节　网络基础

计算机通信网是由许多具有信息交换和处理能力的节点互连而成的。要使整个网络有条不紊地工作，就要求每个节点必须遵守一些事先约定好的有关数据格式及时序等规则。这些为实现网络数据交换而建立的规则、约定或标准就称为网络协议。

协议总是指某一层的协议。准确地说，在同等层之间的实体通信时，有关通信规则和约定的集合就是该层协议，例如物理层协议、传输层协议、应用层协议。

端口用于实现程序间的通信。大部分常用的 Internet 应用协议都与大家熟悉的端口相关联。表 6－1 列出了与常用的 Internet 应用协议相关联的端口。

表 6－1　常用 Internet 应用协议端口

协议	端口
Telnet 协议	23
简单邮件传输协议	25
文件传输协议	21
超文本传输协议	80

与网络连接的每台计算机都有唯一的 IP 地址。此概念相当于给一批学员每人分配唯一的 ID。IP 地址是一个 32 位数字，具有 4 个字节，并用点号分隔。计算机既可以直接连接 Internet，也可以通过 Internet 服务提供商（ISP）进行连接，ISP 将为每次会话分配一个临时 IP 地址。图 6－1 显示了一个 IP 地址示例。

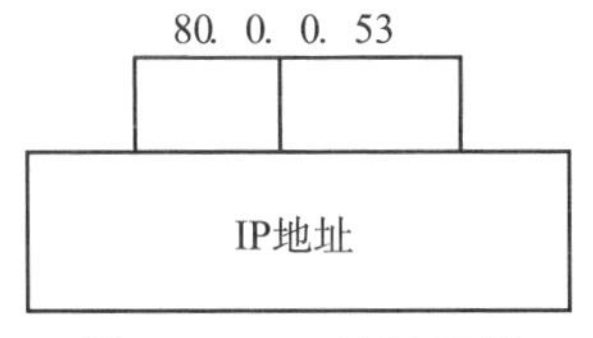

图 6－1　IP 地址示例

为便于认读，IP 地址分为 4 个 8 位字节，每个 8 位数字都对 32 位 Internet 地址的一个字节进行编码。网络 ID 和主机 ID 都在其中进行编码。为了满足不同需要，已定义了若干类网络来分隔 IP 地址，这些网络包括 A 类、B 类、C 类和 D 类。A 类包含 1.0.0.0 ~ 127.0.0.0 的网络，B 类包含 128.0.0.0 ~ 191.255.0.0 的网络，C 类网络的范围为 192.0.0.0 ~ 223.255.255.0，D 类网络的范围为 224.0.0.0 ~ 254.0.0.0。

主机部分的所有位均为 0 的地址指的是网络地址，主机部分的所有位均为 1 地址称为广播地址。许多网络地址被保留用于特殊用途，0.0.0.0 和 127.0.0.1 就是两个此类地址。第一个称为缺省路由，后一个是环回地址。网络 127.0.0.0 被保留用于用户主机的本地 IP 话务。地址 127.0.0.1 分配给一个特殊接口，即起到闭合电路作用的环回接口。

子网掩码不能单独存在，它必须结合 IP 地址一起使用。子网掩码只有一个作用，就是将某个 IP 地址划分成网络地址和主机地址两部分。

子网掩码的设定必须遵循一定的规则。与 IP 地址相同，子网掩码的长度也是 32 位，左边是网络位，用二进制数“1”表示；右边是主机位，用二进制数“0”表示。只有通过子网掩码，才能表明一台主机所在的子网与其他子网的关系，使网络正常工作。

子网掩码的作用是获取主机的网络地址信息，用于区别主机通信不同情况，由此选择不同路由。其中 A 类地址的默认子网掩码为 255.0.0.0；B 类地址的默认子网掩码为 255.255.0.0；C 类地址的默认子网掩码为：255.255.255.0。

第二节　TCP 与 UDP

TCP（Transmission Control Protocol，传输控制协议）是基于连接的协议，也就是说，在正式收发数据前，必须和对方建立可靠的连接。一个 TCP 连接必须要经过三次“对话”才能建立起来，其中的过程非常复杂，这里只做简单、形象的介绍，只要做到能够理解这个过程即可。这三次对话的简单过程如下。

主机 A 向主机 B 发出连接请求数据包：“我想给你发数据，可以吗?”，这是第一次对话；主机 B 向主机 A 发送同意连接和要求同步（同步就是两台主机一个在发送，另一个在接收，协调工作）的数据包：“可以，你什么时候发?”，这是第二次对话；主机 A 再发出一个数据包确认主机 B 的要求同步：“我现在就发，你接着吧!"，这是第三次对话。三次"对话"的目的是使数据包的发送和接收同步，经过三次"对话"之后，主机 A 才向主机 B 正式发送数据。

TCP 协议能为应用程序提供可靠的通信连接，使一台计算机发出的字节流无差错地发往网络上的其他计算机，对可靠性要求高的数据通信系统，往往使用 TCP 协议传输数据。

例如，用计算机 A（安装 Windows 2000 Server 操作系统）从"网上邻居"上的一台计算机 B 中拷贝大小为 8 644 608 字节的文件，通过状态栏右下角网卡的发送和接收指标就会发现：虽然数据流是由计算机 B 流向计算机 A，但是计算机 A 仍发送了 3 456 个数据包。由于文件传输时使用了 TCP/IP 协议，更确切地说，是使用了面向连接的 TCP 协议，计算机 A 接收数据包时，要向计算机 B 回发数据包，所以也产生了一些通信量。

UDP（User Data Protocol，用户数据报协议）是与 TCP 相对应的协议。它是面向非连接的协议，它不与对方建立连接，而是直接就把数据包发送过去。

UDP 适用于一次只传送少量数据、对可靠性要求不高的应用环境。比如，经常使用"ping"命令来测试两台主机之间 TCP/IP 通信是否正常，其实"ping"命令的原理就是向对方主机发送 UDP 数据包，然后对方主机确认收到数据包。如果数据包是否到达的消息能够及时反馈回来，那么网络就是通的。例如，在默认状态下，一次"ping"操作发送 4 个数据包，发送的数据包数量是 4 包，收到的也是 4 包（因为对方主机收到后，会发回一个确认收到的数据包）。这充分说明 UDP 协议是面向非连接的协议，没有建立连接的过程。正因为 UDP 协议没有连接的过程，所以它的通信效果高；但也正因为如此，它的可靠性不如 TCP 协议高。QQ 就使用 UDP 发消息，因此有时会出现收不到消息的情况。

TCP 协议和 UDP 协议各有所长、各有所短，适用于不同要求的通信环境。

第三节　Socket 编程

客户端循环发送消息给服务端，服务器端循环接收并打印出来，直到收到 Bye 就退出程序。

客户端代码如代码范例 6.1 所示。

代码范例 6.1：

```
package net;
import java.net.*;
import java.io.*;
```

```
public class MyClient {
    public static void main(String[] args) throws Exception {
        Socket soc = new Socket("localhost", 5678);
        System.out.println(soc);

        BufferedReader br = new BufferedReader(
            new InputStreamReader(System.in));

        PrintStream ps = new PrintStream(s.getOutputStream());
        while(true) {
            String str = br.readLine();
            System.out.println(str);
            ps.println(str);
            if (str.indexOf("bye")! = -1) break;
        }
        soc.close();
        br.close();
        ps.close();
    }
}
```

服务器端代码如代码范例 6.2 所示。

代码范例 6.2：

```
package net;

import java.net.*;
import java.io.*;

public class MyServer{
    public static void main(String[] args) throws Exception {

        ServerSocket ss = new ServerSocket(5678);
        System.out.println("listening 5678 port.....");
        Socket soc = ss.accept();
```

```
        System.out.println(s);

        BufferedReader br = new BufferedReader(
            new InputStreamReader(soc.getInputStream()));

        while(true) {
            String str = br.readLine();
            System.out.println("From Client" + str);
            if (str.indexOf("end")! = -1) break;
        }

        ss.close();
        doc.close();
        br.close();
    }
}
```

客户端程序：

创建一个具有服务器 IP 地址和端口号的 Socket 对象。

```
Socket soc = new Socket("localhost",5678);
```

客户端接受输入：

```
BufferedReader br = new BufferedReader(new
InputStreamReader(System.in));
```

客户端向服务器发送请求：

```
PrintStream ps = new PrintStream(soc.getOutputStream());
ps.println(message);
```

关闭 PrintStream 和 Socket 对象：

```
ps.clsoe();
soc.close();
```

服务端程序：

ServerSocket 对象等待客户端在端口号 5678 上建立连接：

```
ServerSocket ss = new ServerSocket(5678);
```

一旦客户建立连接，accept( )方法即被调用，以接受连接：

```
Socket soc = ss.accept()
```

服务器接受请求：

```
BufferedReader br = new BufferedReader(new InputStreamReader
(soc.getInputStream()));
while(true) {
              String str = br.readLine();
              System.out.println("From Client" + str);
              if (str.indexOf("end")! = -1) break;
          }
br.close();
```

第四节　使用 Socket 传输文件

用 Socket 完成一个文件传输的示例。

服务器端代码如代码范例 6.3 所示。

代码范例 6.3：

```
import java.io.BufferedInputStream;
import java.io.DataInputStream;
import java.io.DataOutputStream;
import java.io.File;
import java.io.FileInputStream;
import java.net.ServerSocket;
import java.net.Socket;
public class Demo {
   int port = 8821;
   void start() {
      Socket s = null;
      try {
         ServerSocket ss = new ServerSocket(port);
         while (true) {
            //选择进行传输的文件
```

```
            String filePath = "D:\\lib.rar ";
            File fi = new File(filePath);
            System.out.println ( " 文件长度: " + (int) fi.
length());
            //public Socket accept() throws
    /* IOException 侦听并接收到此套接字的连接。此方法在进行连接之
前一直阻塞。*/
            s = ss.accept();
            System.out.println("建立 socket 链接 ");
      DataInputStream dis = new DataInputStream(
         new BufferedInputStream(s.getInputStream()));
            dis.readByte();
            DataInputStream fis = new DataInputStream(
      new BufferedInputStream ( new FileInputStream ( file-
Path)));
    DataOutputStream ps = new DataOutputStream ( s.getOutput-
Stream());
            //将文件名及长度传给客户端
            ps.writeUTF(fi.getName());
            ps.flush();
            ps.writeLong((long) fi.length());
            ps.flush();
            int bufferSize = 8192;
            byte[ ] buf = new byte[bufferSize];
            while (true) {
               int read = 0;
               if (fis ! = null) {
                 read = fis.read(buf);
               }
            if (read == -1) {
                 break;
            }
            ps.write(buf, 0, read);
         }
```

```
            ps.flush();
            /* 注意关闭 socket 链接,否则客户端会等待 server 的数据过
来,直到 socket 超时,导致数据不完整。*/
            fis.close();
            s.close();
            System.out.println("文件传输完成 ");
        }
        } catch (Exception e) {
            e.printStackTrace();
        }
    }
    public static void main(String arg[]) {
        new Demo().start();
    }
}
```

客户端代码如代码范例 6.4 所示。

代码范例 6.4:

```
import java.io.BufferedOutputStream;
import java.io.DataInputStream;
import java.io.DataOutputStream;
import java.io.FileOutputStream;
public class Demo {
    private ClientSocket cs = null;
    private String ip = "localhost "; //设置成服务器 IP
    private int port = 8821;
    private String sendMessage = "Windwos ";
    public Demo() {
        try {
            if (createConnection()) {
                sendMessage();
                getMessage();
            }
        } catch (Exception ex) {
            ex.printStackTrace();
        }
    }
```

```
private boolean createConnection() {
    cs = new ClientSocket(ip, port);
    try {
        cs.CreateConnection();
        System.out.print("连接服务器成功! " + "\n ");
        return true;
    } catch (Exception e) {
        System.out.print("连接服务器失败! " + "\n ");
        return false;
    }
}
private void sendMessage() {
    if (cs == null)
        return;
    try {
        cs.sendMessage(sendMessage);
    } catch (Exception e) {
        System.out.print("发送消息失败! " + "\n ");
    }
}
private void getMessage() {
    if (cs == null)
        return;
    DataInputStream inputStream = null;
    try {
        inputStream = cs.getMessageStream();
    } catch (Exception e) {
        System.out.print("接收消息缓存错误\n ");
        return;
    }
    try {
        //本地保存路径,文件名会自动从服务器端继承而来。
        String savePath = "E:\\ ";
        int bufferSize = 8192;
        byte[] buf = new byte[bufferSize];
        int passedlen = 0;
```

```
        long len =0;
        savePath + =inputStream.readUTF();
        DataOutputStream fileOut =new DataOutputStream(
        new BufferedOutputStream(new BufferedOutputStream
            (new FileOutputStream(savePath))));
        len =inputStream.readLong();
        System.out.println("文件的长度为: " + len + "\n ");
        System.out.println("开始接收文件! " + "\n ");
        while (true) {
            int read =0;
            if (inputStream ! =null) {
                read =inputStream.read(buf);
            }
            passedlen + =read;
            if (read == -1) {
                break;
            }
      System.out.println("文件接收了 " + (passedlen * 100 /
len) + "% \n ");
            fileOut.write(buf, 0, read);
        }
      System.out.println("接收完成,文件存为 " + savePath + "\n ");
        fileOut.close();
      } catch (Exception e) {
        System.out.println("接收消息错误 " + "\n ");
        return;
      }
    }
    public static void main(String arg[]) {
      new Demo();
    }
}
```

关于服务器端和客户端的编码就不在此解释了，因为代码中已给出详细的注释。需要说明的是，这个程序如果需要运行，还需要一个工具类 ClientSocket，请大家自行完成，因为几乎所有的 Socket 通信的编码中，该类都类似。

第七章

JSP的研究

第一节　B/S模式与Web基本原理

B/S模式是相对C/S模式而言的。

C/S结构（Client/Server的简称，即客户机/服务器结构），是一种将任务合理分配到客户机端和服务器端的一种软件系统体系结构，它能减少系统开销，充分利用两端硬件环境的优势。早期的软件系统多为C/S结构。

C/S结构中，网络中的计算机被分为两大类：

➢ 客户机，接受服务器所提供的各种服务。

➢ 服务器，负责向其他计算机提供各种服务（如数据库服务、打印服务等）。

客户机一般是微机，在其上运行客户端应用程序。服务器一般是部门级和企业级的计算机，在其上运行服务器系统软件（如数据库服务器系统、文件服务器系统等），向客户机提供相应的服务。

当然，C/S模式还是有一定缺陷的。在采用C/S结构的企业计算机应用系统中，每一个客户机都需要安装且正确配置相应的数据库客户端驱动程序。因此，如果要访问数据库，必须在客户机上安装应用程序，从而导致应用程序被分布在各个客户机上，这种形式使系统难以维护且容易造成不一致性。

B/S结构（Browser/Server的简称，即浏览器/服务器结构）应运而生，它是在C/S结构的基础上发展而来的。B/S结构产生的根本原因是不断增加的业务规模和不断复杂化的业务处理请求，解决这个问题的方法是在传统C/S结构的基础上，增加中间应用层（即商业逻辑层），由原来的两层结构（客户机/服务器）变成三层结构。

在三层结构中，用户界面层（即客户端）用来处理用户的输入和向客户的输出。商业逻辑层用来建立数据库连接，从而根据用户的请求生成访问数据库的结构化查询语句（即SQL语句），并把查询结果返回给客户端。数据库层用来对实际的数据库进行存储和检索，响应中间层的数据处理请求，并将处理结果返回给中间层。

上述三层结构的一种实现方式是 B/S 结构，具体结构为：浏览器/Web 服务器/数据库服务器。采用 B/S 结构的计算机应用系统的基本结构如图 7－1 所示。

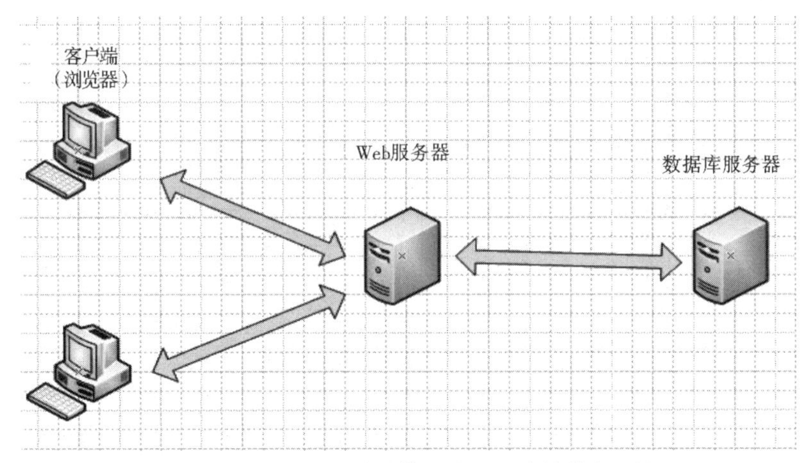

图 7－1　B/S 结构的计算机应用系统的基本结构

在 B/S 结构中，应用程序以网页形式（用超文本标识语言即 HTML 编写）存放于 Web 服务器上，当用户需要运行某个应用程序时，只需在客户端的浏览器中键入相应的网址，就会调用 Web 服务器上的应用程序并对数据库进行操作，来完成相应的数据处理工作，然后将处理结果通过客户端的浏览器显示给用户。

按 B/S 模式建立的应用系统的特征是客户端只需安装普遍使用的浏览器（如 Internet Explorer、FireFox 等），而应用程序被相对集中地存放于 Web 服务器上。由于在客户端只需安装一个浏览器，这样就大大减少了客户端的维护工作量，用户使用起来则更为方便。

Web 的基本原理是 HTTP 协议，即请求响应模型。

HTTP 协议是网络中使用最为广泛的一种高级协议，WWW 服务广泛应用，而 WWW 服务器使用的主要协议是 HTTP 协议，经过十几年的使用与发展，HTTP协议得到了极大的扩展和完善。

就像两个国家元首的会晤过程得遵守一定的外交礼节一样，浏览器与 Web 服务器之间的一问一答的交互过程也得遵循一定的规则，这个规则就是 HTTP 协议。HTTP 是 HyperText Transfer Protocol（超文本传输协议）的英文简写，它是 TCP/IP 协议集中的一个应用层协议，用于定义浏览器与 Web 服务器之间交换数据的过程及数据本身的格式，人们平常通过浏览器访问 Internet 上的某一个网页的过程就是借助 HTTP 协议来完成的。

第二节　JSP 相关知识

JSP 执行的原理和转译过程：首先 JSP 容器接收到客户端的请求，找到对应的 Servlet 文件，如果此 Servlet 文件不存在，则将 JSP 文件转化为对应的 Servlet 文件，然后编译成 class，再执行对应的 Servlet 实例。具体的流程如图 7 – 2 所示。

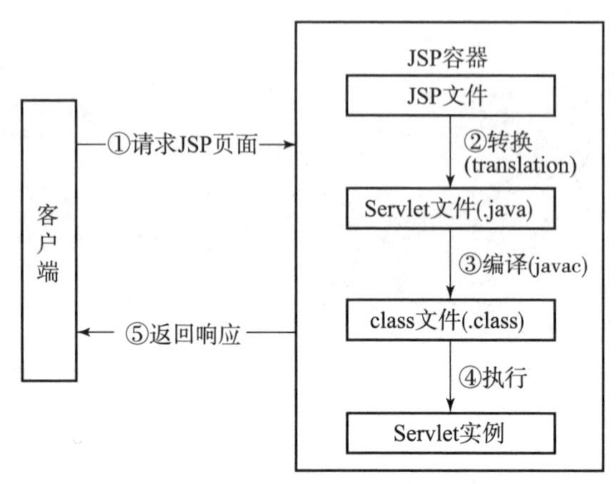

图 7 – 2　JSP 转译过程

JSP 的语法构成：共包括 5 类 JSP 元素：

- 注释
- 模板数据
- 脚本元素
- 指令元素
- 动作元素

1. 注释

注释就是在程序代码中用来说明程序流程的语句。如果项目是一个需要很多程序员共同协作开发的大项目，程序员们会各自选择自己熟悉的部分进行分工合作，这时就需要注释语句来帮助他们识别和理解其他程序员编写的程序。

当然，自己编写程序时也是一样。如果编写的程序特别长，自己也不可能对以前编写的程序记得非常清楚，这样就会给工作带来很大的不便。如果在程序中写入注释语句，就可以给工作带来极大的便利。有三种 JSP 注释，分别是 HTML/XML 注释、隐藏注释和 Scriptlets 中的注释。

2. 模板数据

模板数据是指 JSP 的静态 HTML 或者 XML 内容。这部分对 JSP 文件的显示来说，是非常必要的。模板数据是网页的框架，直接影响到页面的结构和美观程度。在编译 JSP 文件时，模板数据将编译到 Servlet 中。当客户请求此 JSP 时，这些模板数据将会一字不变地发送到客户端。也就是说，当 <html> 在编译成 Servlet 时，会被代码 out. write(" <html> ") 代替。

3. 脚本元素

有三种脚本元素，分别是：

➢ 声明（Declaration）

➢ 表达式（Expression）

➢ Scriptlets

声明就是在 JSP 中声明合法的变量和方法；表达式就是位于 <% =% >之间的代码；Scriptlets 是位于 <% % >之间合法的 Java 代码。

4. 指令元素

JSP 中的三种指令元素分别是：

➢ 页面（page）指令

➢ include 指令

➢ taglib 指令

5. 动作元素

动作元素在请求处理阶段起作用。JSP 规范中定义了一系列的标准动作，这些标准动作都用 jsp 作为前缀。

为了简化页面开发，JSP 提供了一系列隐含对象。这些隐含对象中的大部分被显露给 JSP 开发人员，使其可以在使用时直接调用，而不用声明该对象。

JSP 包含下列隐含对象：out、request、response、pageContext、page、session、application、config、exception。

下面通过表 7－1 来简单认识这些隐含对象。

表 7－1　JSP 隐含对象介绍

对象名	说　　明
out	out 对象是 javax. servlet. jsp. JspWriter 对象的实例，可以代表对输出流、经过滤的输出流或来自其他 JSP 页面的嵌套的 JspWriter 的直接引用
request	request 对象是 javax. servlet. ServletRequest 对象的实例，当来自客户端的请求带有参数时，该对象对应地就会有一个参数列表
response	response 对象是 javax. servlet. ServletResponse 对象的实例，用来处理返回给客户的数据流
pageContext	request 对象是 javax. servlet. jsp. PageContext 对象的实例。为每个请求存储 request 和 response 对象的引用
page	page 对象是对页面对象实例的引用，也就是指向页面自身的方式（相当于 Java 代码中的 this）。该对象可以看作是代表整个 JSP 页面的对象

续表

对象名	说　　明
session	session 对象是 javaxj. servlet. http. HttpSession 对象的实例，用于在使用无状态连接协议（如 HTTP）的情况下跟踪关于某个客户的信息
application	application 对象是 javax. servlet. ServletContext 对象的实例，可以提供 JSP 与服务器进行通信的方法
config	config 对象是 javax. servlet. ServletConfig 对象的实例，该对象允许 JSP 页面编写者访问 Servlet 的初始化参数
exception	exception 对象是包含从前一个页面抛出的异常的包装器，通常根据错误条件产生合适的响应

第三节　会话跟踪

JSP 中有 4 种方式可以实现会话跟踪。

1. 建立含有数据的隐藏表单字段

在用户的请求之间跟踪数据的简单方法就是使用 HTML 表单，其对于在几个表单之间维护少量的数据、使用隐藏的表单字段，既简单，又有效。

为了使用隐藏的表单字段，服务器获取请求数据，并将其放回到下一个页面的表单里。服务器必须每次都这么做，否则，所有数据都会丢失。

使用 HTML 的隐藏表单（Hidden form）的方法，就是在 HTML 的 <form> 里使用 <input type = "hidden" > 这个语句。例如：

```
<input type = "hidden"name = "book"value = "jsp" >
```

代码范例 7. 1 是一种使用隐藏域的用法。

代码范例 7. 1：

```
<html >
<head >
<meta http - equiv = " Content - Type" content = " text/html;
charset =UTF -8" >
    <title >隐藏表单 </title >
<script type = "text/javascript" >
<! --
```

```
function setHiddenform ( value )
      {
            document.forms[0].fruit.value = value;
      }
      //-- >
< /script >
< /head >
< body >

< h2 >隐藏表单示例 < /h2 >
< hr >
< br >

< font size =3 >
< b >Choose your favorite fruit. < /b >
< /font >

< form method = "post"action = "ReadHiddenFormServlet " >
      < input type = "button"onClick = setHiddenform( "grape")
value = Grape >
      < input type = "button"onClick = setHiddenform( "orange")
value = orange >
      < input type = "button"onClick = setHiddenform( "cherry")
value = cherry >
      < br >
      < input type = "submit"value = "查看结果" >
      < input type = "hidden"name = "fruit" >
< /form >
< /body >
< /html >
```

使用隐藏表单的缺点：

（1）如果把表单的提交方式设置为 Get，将使浏览器窗口显示所有的参数查询信息。这样就容易暴露个人信息，从而造成安全隐患。当然，这个问题也可以解决：把表单的提交方式设置为 Post 就可以了。

（2）即使将表单的提交方式设置为 Post，如果查看 HTML 文件中的源代码，还是可以看到相应的隐藏表单里的信息数据。

所以，隐藏表单的会话追踪功能只能应用于简单的信息传递。

2. URL 重写

URL 重写（URL Rewriting）方法，实际上就是重新调用 URL 的方式。它将原来的 URL 加上查询参数，并显示上一次请求的信息。

如果是通过 URL 重写方式实现会话跟踪，一般显示的 URL 如下所示：

```
http://www.example.com/jsp/url.jsp?uid=jsp&book=jspProgramming
```

以上的 URL 中，“uid = jsp&book = jspProgramming”表示产生字符串。文件所在路径和查询参数通过“?”连接，而多个查询参数则通过“&”标识。

代码范例 7.2 是一种使用 URL 重写的用法。

代码范例 7.2：

```
<html>
<head>
     <title>URL 重写</title>
</head>
<body>
<center>
  <h2>URL 重写示例</h2>
     Choose your favorite fruit
     <hr>
     <ul>
     <li><a href="RewritServlet? fruit=grape">Grape</
a><br>
     <li><a href="RewritServlet? fruit=orange">Orange
</a><br>
     <li><a href="RewritServlet? fruit=peach">Peach</
a><br>
     </ul>
</center>
</body>
</html>
```

虽然 URL 重写方式简单且相对容易理解，但是，它有也有缺陷：

（1）要传递的查询信息被直接显示在浏览器的地址栏。因此，涉及个人隐私的信息，就不能应用 URL 重写方法。

（2）URL 的长度是有限的，如果要传递的内容非常多，这种方式就显得非常麻烦，很多情况下没有办法传递数据。

正因为以上原因，URL 重写方法应用于极少的场合，一般重要的模块都不会用这种方法进行数据的传送。

3. Cookie

当服务器响应浏览器的调用时，Cookie 就会加入 HTTP 的 Head 部分，被传递给浏览器。浏览器读取到这一段后，会根据指定的名称生成一个 Cookie。在 Cookie 生成后，浏览器与服务器进行通信时，会将 Cookie 值传递给服务器。

以下方法可以创建一个 Cookie：

```
Cookie cookie = new Cookie ( "author", "JSPProgramming");
```

可以设置 Cookie 的有效时间。例如，以下代码用于设置 Cookie 的有效时间为 7 天。以秒为单位。

```
cookie.setMaxAge(7 * 24 * 60 * 60);
```

如果将上面方法中的参数值设置为负数，Cookie 将和浏览器同时关闭；如果设置为 0，浏览器会把这个 Cookie 删除。

Cookie 的优点是，对于没有经过用户允许的信息，不会被传到服务器。只有经过用户允许，信息才有可能被传递给服务器。

在信息安全日益重要的今天，用户为了不使自己的个人信息泄露，常常将浏览器的 Cookie 功能关闭。但是，如果关闭 Cookie 功能，将会使很多互联网上的服务无法完成。

当然，Cookie 也有缺点。由于 Cookie 以纯文本形式存储到机器中，因此别人也可以打开这个文件进行阅读，这样就会引发安全问题。不过如果这台机器只是用户本人使用，就不会有这个问题。

4. Session

Session ID 就是一个值，它表示服务器上保存的状态信息集合的键。当客户给出这个键时，服务器就知道应该使用哪个状态信息集合。只要客户给出这个键，服务器就会跟踪应用的实际状态。

使用 Session ID 有许多优点：

（1）大多数信息可以被存储在服务器上，不必发送到客户端。

（2）由于状态数据不必随每个应用来回发送，所以应用之间的带宽减少了。

（3）因为在客户和服务器间只需传递 Session ID，增强了安全性。

跟踪会话的步骤是：服务器为用户产生一个独一无二的 ID，然后服务器通过设置 Cookie 或者 URL 重写方法来存储 Session ID。通常是使用 Cookie，但是，对那些不想使用 Cookie 的站点，也可以使用 URL 重写方法来存储 Session ID。现在许多 JSP 引擎有足够的智能，它们会先尝试设置 Cookie，如果客户浏览器禁用了 Cookie，那么就转而使用 URL 重写。

接下来创建 HttpSession 的新实例。可以使用 Session ID 作为键值来访问新的 HttpSession 对象。只要客户返回正确的键值，就可以访问 HttpSession 对象的相同实例。如果存在来自多个用户的请求，那么每个用户都将拥有自己的 HttpSession 对象，但是只能从他们自己的请求来访问这个对象。

HttpSession 对象实际上作为用于存储或获取信息的容器。这个对象可以存储任意数目的其他信息。实际上，任何扩展 java.lang.Object 的内容都能够被放进 HttpSession 对象。也就是说，即使是更抽象的数据（包括 I/O 流和数据库链接），也可以被放进此对象，并与某个客户关联起来。

第四节　JSP 案例

代码范例 7.3：

```
<html>
<head>
    <title>会话跟踪示例</title>
</head>
<frameset cols="50%,*">
    <frame src="shoppingCart.html"name="left">
    <frame src="shoppingCart.jsp"name="right">
</frameset>
</body>
</html>
```

代码范例 7.4：

```
<%@ page contentType="text/html; charset=UTF-8"%>
<html>
<head>
    <title>会话跟踪示例</title>
</head>
<body>
```

```
    <h3>在线购书</h3>
    <form method="post" action="shoppingCart.jsp" target
="right">
        <table>
        <tr>
                <td><input type="checkbox" name="book1"
value="JSP Programming"></td>
                <td>JSP Programming</td>
        </tr>
        <tr>
                <td><input type="checkbox" name="book2"
value="Thinking in Java"></td>
                <td>Thinking in Java</td>
        </tr>
        <tr>
                <td><input type="checkbox" name="book3"
value="Servlet Programming"></td>
                <td>Servlet Programming</td>
        </tr>
        <tr>
                <td><input type="checkbox" name="book4"
value="OOP"></td>
                <td>OOP</td>
        </tr>
        </table>
        <br>
        <table>
        <tr>
                <td><input type="submit"value="放入购物车"></td>
                <td><input type="reset"value="重新选择"></td>
        </table>
    </form>
    </body>
</html>
```

代码范例 7.5：

```
<%@ page contentType="text/html; charset=UTF-8"% >
<html>
<head>
    <title>会话跟踪示例</title>
</head>
<body>
<%
    //清空购物车
    int i=1;
    final int MAX=5;
    String isInvalidate;
    String temp;
    String books;
    boolean flag=true;

    request.setCharacterEncoding("UTF-8");
    isInvalidate=request.getParameter("invalidate");

    if ((isInvalidate !=null ) && (isInvalidate !="")) {

            for ( i=1; i<MAX; i++){
                    if((String)session.getAttribute("book" + i)
!=null )
                            session.removeAttribute("book" + i);
                            }
                    }

    for ( i=1; i<MAX; i++) {
            temp=request.getParameter( "book" + i );

            if ( temp !=null )
                    session.setAttribute ( "book" + i, temp );

            }
```

```
%>

<p><h3>购物车的内容</h3><p>
<hr>

<%
    //从 session 中取出购物车的内容输出到页面
    for ( i =1; i <MAX; i ++){
          books =(String)session.getAttribute("book" + i);

          if ( books ! =null ) {
                out.println(" <br>" + books);
                flag = false;
                }
          }

    if ( flag )
          out.println(" <br>购物车已被清空");
%>

<form>
    <input type = "submit"name = "invalidate"value = "清空购物
车">
</form>

</body>
</html>
```

第八章

正则表达式与 XML 操作的研究

第一节　正则表达式

代码范例 8.1：

```
import java.io.*;
public class Demo {
   public static void main(String args[]) throws IOException {
      BufferedReader reader = new BufferedReader(new Input-
StreamReader(System.in));
      String phoneEL = "[0 -9]{4} -[0 -9]{8}";
      String urlEL = " <a. +href * = *['\"]?.*? ['\"]?.*? >";
      String emailEL = "^[_a - z0 -9 - ] +(.[_a - z0 -9 - ] +) * "
            + "@ [a - z0 -9 - ] +([.][a - z0 -9 - ] +) * $ ";
      System.out.print("输入手机号码: ");
      String input = reader.readLine();
      if (input.matches(phoneEL))
         System.out.println("格式正确");
      else
         System.out.println("格式错误");
      System.out.print("输入 href 标签: ");
      input = reader.readLine();
      //验证 href 标签
      if (input.matches(urlEL))
         System.out.println("格式正确");
```

```
        else
            System.out.println("格式错误");
        System.out.print("输入电子邮件:");
        input = reader.readLine();
        //验证电子邮件格式
        if (input.matches(emailEL))
            System.out.println("格式正确");
        else
            System.out.println("格式错误");
    }
}
```

在程序开发中，难免会遇到需要匹配、查找、替换、判断字符串的情况发生，而这些情况有时又比较复杂，如果用纯编码方式解决，往往会浪费程序员的时间及精力。因此，使用正则表达式便成了解决这一矛盾的主要手段。正则表达式是一种可以用于模式匹配和替换的规范，一个正则表达式就是由普通的字符（例如 a 到 z）及特殊字符（元字符）组成的文字模式，它用于描述在查找文字主体时待匹配的一个或多个字符串。正则表达式作为一个模板，将某个字符模式与所搜索的字符串进行匹配。JDK1. 4 推出的 java. util. regex 包，提供了很好的 Java正则表达式应用平台。

1. 常用的正则表达式

```
\\反斜杠
\n 换行 ('\u000A')
\d 数字,等价于[0 -9]
\s 空白符号 [\t \n \x0B \f \r]
\w 单独字符 [a - zA - Z0 -9]
\f 换页符
\b 一个单词的边界
\G 前一个匹配的结束
\t 间隔 ('\u0009')
\r 回车 ('\u000D')
\D 非数字,等价于[^0 -9]
\S 非空白符号 [^\t \n \x0B \f \r]
\W 非单独字符 [^a - zA - Z0 -9]
\e Escape
\B 一个非单词的边界
```

2. ^为限制开头

```
^java      条件限制为以 java 为开头字符
$为限制结尾
java $     条件限制为以 java 为结尾字符
.为限制一个任意字符
java..     条件限制为 java 后除换行外任意两个字符
```

3. 加入特定限制条件

```
[a-z]      条件限制在小写 a~z 范围中的一个字符
[A-Z]      条件限制在大写 A~Z 范围中的一个字符
[a-zA-Z]   条件限制在小写 a~z 或大写 A~Z 范围中的一个字符
[0-9]      条件限制在小写 0~9 范围中的一个字符
[0-9a-z]   条件限制在小写 0~9 或 a~z 范围中的一个字符
[0-9[a-z]]   条件限制在小写 0~9 或 a~z 范围中的一个字符(交集)
```

4. [ ] 中加入^后加再次限制条件

```
[^a-z]      条件限制在非小写 a~z 范围中的一个字符
[^A-Z]      条件限制在非大写 A~Z 范围中的一个字符
[^a-zA-Z] 条件限制在非小写 a~z 或大写 A~Z 范围中的一个字符
[^0-9]        条件限制在非小写 0~9 范围中的一个字符
[^0-9a-z] 条件限制在非小写 0~9 或 a~z 范围中的一个字符
[^0-9[a-z]] 条件限制在非小写 0~9 或 a~z 范围中的一个字符(交集)
```

当限制条件为特定字符出现 0 次以上时，可以使用 *，如 J *：0 个以上 J；当限制条件为特定字符出现 1 次以上时，可以使用 +，如 J +：1 个以上 J；当限制条件为特定字符出现 0 或 1 次以上时，可以使用?，如 JA?：J 或者 JA 出现；限制为连续出现指定次数字符 {a}，如 J{2}：JJ；两者取一 |，如 J|A：J 或 A；( ) 中规定一个组合类型，比如，查询 <a href = \" index. html \"> index </a> 中 <a href> </a> 间的数据，可写作 <a. * href = \". * \">(. +?)</a>。

第二节 Java 解析 XML

在 Java 语言中使用对象表示数据，XML 是一种标记语言，但它本身什么也不做，因此，Java 要使用其中的数据，必须先解析 XML 文件，如图 8 - 1 所示。随着 XML 和 Java 的流行，现在已有很多工具可以用于解析和处理 XML 文件。

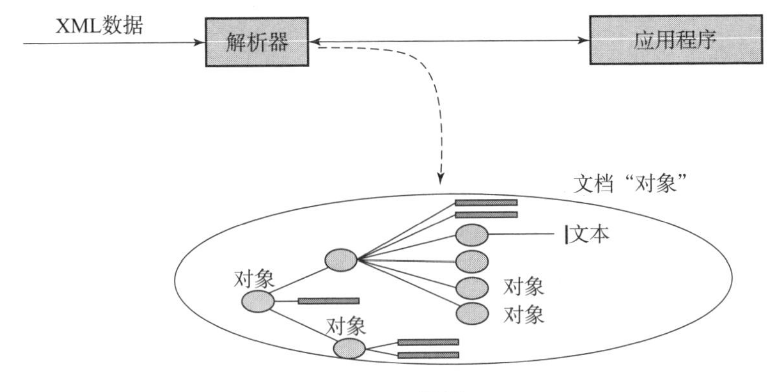

图 8－1　Java 解析 XML

1. JAXP

JAXP 是 Java API for XML Processing 的英文字头缩，中文含义是：用于 XML 文档处理的使用 Java 语言编写的编程接口。JAXP 支持 DOM、SAX、XSLT 等标准。为了增强 JAXP 使用的灵活性，开发者特别为 JAXP 设计了一个插入层。在插入层的支持下，JAXP 既可以和具体实现 DOM API、SAX API 的各种 XML 解析器（XML Parser，例如 Apache Xerces）联合工作，又可以和具体执行 XSLT 标准的 XSLT 处理器（XSLT Processor，例如 Apache Xalan）联合工作。

JAXP 不提供语法分析功能。如果没有 SAX、DOM 或 API，就无法分析 XML 语法。

2. DOM（文档对象模型）

DOM 是 HTML 和 XML 文档的编程接口规范，它和平台、语言无关，因而能够用各种语言在各种平台上实现。利用 DOM 规范，能够实现 DOM 文档和 XML 之间的相互转换，以及遍历、操作相应 DOM 文档的内容。要自由的操纵 XML 文档，就要使用规范。

3. JDOM

JDOM 是 Java 和 DOM 的结合体。JDOM 致力于建立一个完整的基于 Java 平台的解决方案，通过 Java 代码来访问、操作并输出 XML 数据。JDOM 是用 Java 语言读、写、操作 XML 的新 API 函数。在直觉、简单和高效的前提下，这些 API 函数被最大限度地优化。在使用设计上，尽可能地将使用 XML 的过程简单化。

4. SAX

SAX 是 Simple API for XML 的缩写，它并不是 W3C 官方所提供的标准，可以说是“民间”的事实标准。SAX 在概念上与 DOM 完全不同。首先，不同于 DOM 的文档驱动，它是事件驱动的。也就是说，它并不需要读入整个文档，而文档的读入过程也就是 SAX 的解析过程。所谓事件驱动，是指一种基于回调（callback）机制的程序运行方法。也可以把它称为授权事件模型。

SAX 解析器装载 XML 文件时，它遍历 XML 文档并在其主机应用程序中产生事件（经由回调函数、指派函数或者任何可调用平台完成这一功能）表示这一过程。这样，编写 SAX 应用程序就如同采用最现代的工具箱编写 GUI 事件程序。

5. DOM4J

DOM4J 是一个非常优秀的 Java XML API，具有性能优异、功能强大和极易使用的特点，同时，它也是一个开放源代码的软件，可以在 SourceForge 上找到它。DOM4J 无论在哪个方面都是非常出色的。如今越来越多的 Java 软件都在使用 DOM4J 来读写 XML，特别值得一提的是，Sun 公司的 JAXM 也在使用 DOM4J。

第三节　用 DOM 解析 XML 文档

使用 DOM 方式解析如下 XML 文档。

```
<? xml version = "1.0"encoding = "UTF -8"? >
<book >
 <info >
 <name >java 高级编程 < /name >
 <author >newer < /author >
 < /info >
   <info >
 <name >java web 开发 < /name >
 <author >newer < /author >
 < /info >
< /book >
```

在 DOM 接口规范中，包含多个接口。常用的基本接口有 Document 接口、Node 接口、NamedNodeMap 接口、NodeList 接口、Element 接口、Text 接口、CDATASection 接口和 Attr 接口等。其中，Document 接口是对文档进行操作的入口，它是从 Node 接口继承过来的。Node 接口是其他大多数接口的父类，Documet、Element、Attribute、Text、Comment 等接口都是从 Node 接口继承过来的。NodeList 接口是一个节点的集合，它包含了某个节点中的所有子节点。NamedNodeMap 接口也是一个节点的集合，通过该接口，可以建立节点名和节点之间的一一映射关系，从而利用节点名直接访问特定的节点。

代码范例 8.2：

```
import java.io.*;
import java.util.*;
import org.w3c.dom.*;
import javax.xml.parsers.*;
    public class Demo {
    public static void main(String arge[]) {
        try {
            File f =new File("book.xml");
            //得到 DOM 解析器的工厂实例
            DocumentBuilderFactory factory = DocumentBuilder-
Factory
                    .newInstance();
            //从 DOM 工厂获得 DOM 解析器
            DocumentBuilder  builder  =  factory. newDocument-
Builder();
            //解析 XML 文档的输入流,得到一个 Document
            Document doc =builder.parse(f);
            //获得 info 元素的 NodeList
            NodeList nl =doc.getElementsByTagName("info");
            for (int i =0; i <nl.getLength(); i ++) {
                //得到 info 的子元素,并输出
                System.out.print ("书名:" + doc.getElementsBy-
                        TagName("name").item(i).getFirstChild
                        ().getNodeValue());
                System.out.println("作者:" + doc.getElementsBy-
                        TagName("author").item(i).getFirstCh-
                        ild().getNodeValue());
            }
        } catch (Exception e) {
            e.printStackTrace();
        }
    }
}
```

第四节　用 SAX 解析 XML 文档

使用 DOM 方式解析如下 XML 文档。

```
<? xml version = "1.0 "encoding = "UTF -8 "? >
<book >
 <info >
 <name >java 高级编程 < /name >
 <author >newer < /author >
 < /info >
   <info >
 <name >java web 开发 < /name >
 <author >newer < /author >
 < /info >
< /book >
```

基于 DOM 的解析器的核心是在内存中建立和 XML 文档相对应的树状结构，XML 文件的标记、标记中的文本数据和实体等，都会和内存中树状结构的某个节点相对应。使用 DOM 解析器的好处是，可以方便地操作内存中树的节点来处理 XML 文档，获取自己需要的数据。但 DOM 解析的不足之处在于，如果 XML 文件较大，或者只需要解析 XML 文档中的一部分数据，就会占用大量的内存空间。和 DOM 解析不同的是，SAX 解析器不在内存中建立和 XML 文件相对应的树状结构数据，SAX 解析器的核心是事件处理机制，具有占有内存少、效率高等特点。

代码范例 8.3：

```
import java.io.File;
import java.io.FileInputStream;
import java.io.IOException;
import java.io.PrintStream;
import org.xml.sax.Attributes;
import java.io.IOException;
import org.xml.sax.Attributes;
import org.xml.sax.SAXException;
import org.xml.sax.XMLReader;
import org.xml.sax.helpers.DefaultHandler;
import org.xml.sax.helpers.XMLReaderFactory;
```

```
public class Demo extends DefaultHandler {

    public void parserXMLFile(String fileName) throws SAXEx-
ception, IOException {
        //创建解析器对象
        XMLReader reader = XMLReaderFactory.createXMLReader();
        //注册内容处理器
        reader.setContentHandler(this);
        //注册错误处理器
        reader.setErrorHandler(this);
        //分析文档
        reader.parse(fileName);
    }

    //元素开始事件
    public void startElement (String uri, String localName,
String name,
            Attributes attributes) throws SAXException {
        //将信息追加到输出流尾
        System.out.append("<" + name);
        for (int i =0; i <attributes.getLength(); i ++) {
            String attrName = attributes.getQName(i);
            String attrValue = attributes.getValue(i);
            System.out.append("" + attrName + "=" + attrValue);
        }
        System.out.append(">");
    }

    //元素结束事件
    public void endElement (String uri, String localName,
String name)
        throws SAXException {
        //输出输出流中的信息,并刷新缓冲
        System.out.print("</" + name + ">");
    }

    //字符串
```

```
    public void characters(char[] ch, int start, int length)
    throws SAXException {
        //追加节点 Text 信息
        System.out.append(new String(ch, start, length));
    }

    //文档开始事件
    public void startDocument() throws SAXException {

        System.out.println(" <xml version = \"1.0 \"encoding =
\"utf -8 \"? >");
    }
    public static void main(String[] args) throws SAXExcep-
tion, IOException {
        MyReadXMLBySAX parser = new MyReadXMLBySAX();
        parser.parserXMLFile("book.xml");
    }
}
```

DOM 和 SAX 解析 XML 的区别如图 8－2 所示。

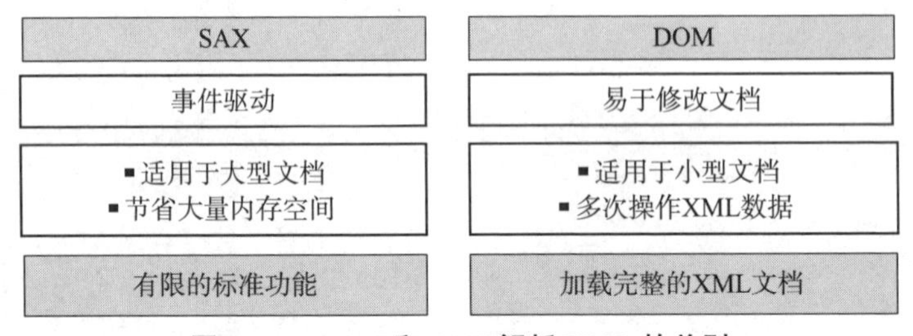

图 8－2　DOM 和 SAX 解析 XML 的差别

第九章

JavaScript 的研究

第一节　框架访问

论坛系统中，左、右两列的框架集结构便于浏览者导航，但同时也使浏览者的工作区域变小。浏览者希望必要的时候可以隐藏框架集中的某个框架，以使其他相邻的框架占据尽可能大的面积。如图 9－1 所示。

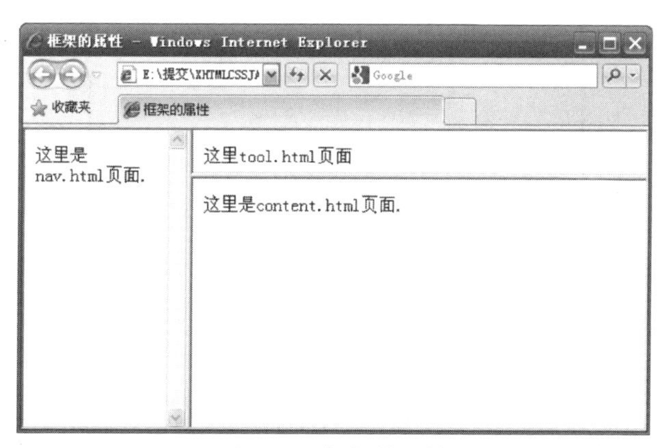

图 9－1　框架的属性

现在希望在 tool. html 页面中放置一个自定义命令按钮，单击此按钮能让左侧框架隐藏，再次单击此按钮，能让左侧框架恢复显示。如图 9－2 所示。

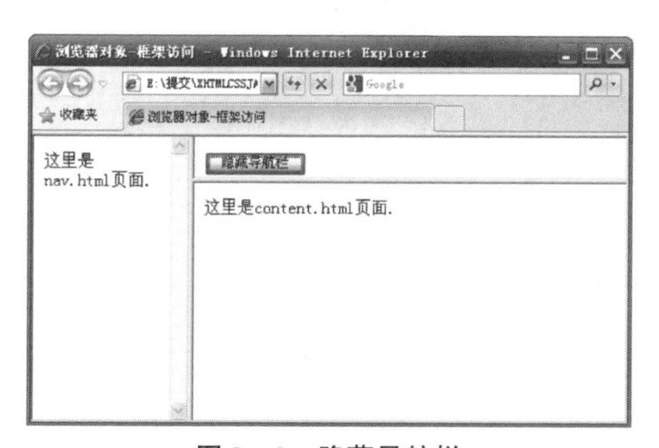

图 9－2　隐藏导航栏

单击“隐藏导航栏”按钮后，效果如图 9－3 所示。

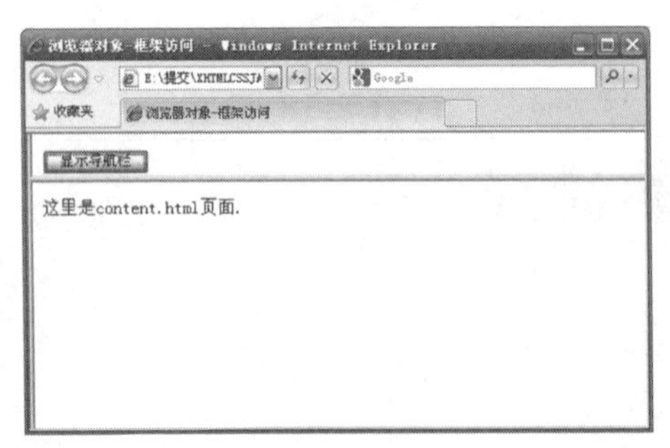

图 9－3　单击“隐藏导航栏”按钮后的效果

单击“显示导航栏”按钮后，效果如图 9－4 所示。

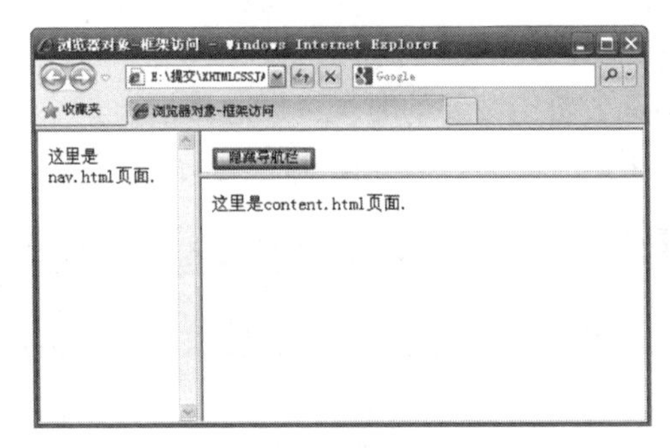

图 9－4　单击“显示导航栏”按钮后的效果

解决方案如下。

创建名为 index.html 的网页文档，作为实现框架集的主页面。编写框架集代码如下。

```
<html>
<head>
<title>框架的属性</title>
</head>
<frameset id="myset" cols="150px,*">
<frame src="nav.html" name="leftFrame" scrolling="yes"
noresize="noresize"/>
<frameset rows="40px,*">
<frame src="tool.html" name="TopFrame" scrolling="no"
noresize="noresize"/>
<frame src="content.html" name="mainFrame" scrolling="
auto" noresize="noresize"/>
</frameset>
</frameset>
</html>
```

创建网页文档，作为 tool. html 页面。

在 tool. html 页面中编写如下代码。

```
<html>
<head>
<title>工具框架</title>
<script type="text/JavaScript">
function hideOrDisplayNavFrame()
{
var frameset = window.self.top.document.getElementById("
myset");
var button = window.self.document.getElementById("mybtn");
if(button.value == "隐藏导航栏")
{
frameset.cols = "0px, * ";
button.value = "显示导航栏";
}
else
{
frameset.cols = "150px, * ";
button.value = "隐藏导航栏";
}
}
</script>
<body>
<input id = "mybtn" type = "button" value = "隐藏导航栏" on-
click = "hideOrDisplayNavFrame();" />
</body>
</head>
</html>
```

使用同样方法创建其他框架页面。

在 JavaScript 中，window 对象可能表示浏览器的顶层窗口，也可能表示某个框架。window 对象的 self 属性引用当前的 window 对象。如果 JavaScript 脚本代码运行在某个框架所包含的页面中，则 window 对象表示此框架；如果 JavaScript 脚本代码运行在浏览器的顶层窗口直接包含的页面中，则 window 对象表示浏览器的顶层窗口。

window 对象的 top 属性可能引用当前框架或窗口，也可能引用包含当前框架的浏览器顶层窗口对象。如果 JavaScript 脚本代码运行在某个框架页面中，则 top 属性引用包含此框架的浏览器顶层窗口；如果 JavaScript 脚本代码运行在浏览器顶层窗口直接包含的页面中，则 top 属性引用当前窗口本身。

第二节　列表框级联

在网页中经常会出现列表框级联的场景。列表框级联是指一个列表框数据的变更，驱动了其他列表框数据随之变更。典型应用如商品大类与商品子类级联、省份与城市级联、年月日级联等。

图 9－5 所示的页面展示了用户选择地区时，省份与城市级联的场景。

图 9－5　省份与城市级联

创建名为 select. html 的网页文档。

编写界面部分的代码如下。

```
<html>
<head>
</head>
<body>
<form name="frmCompany"id="frm_1">
地区：
<select  id="company_address1"name="company[address1]">
<option value="">请选择</option>
</select>
<select id="company_address2"name="company[address2]">
<option value="">请选择</option>
</select>
</form>
</body>
</html>
```

在<head> </head>标签内添加<script> </script>标签。

在<script> </script>标签中使用数组来组织各个省份及其相关城市的数据。代码如下。

```
var cityList =[
["北京","东城","西城","崇文","宣武","朝阳","丰台","石景山","海淀","门头沟","房山","通州","顺义","昌平","大兴","平谷","怀柔","密云","延庆"],
["上海","黄浦","卢湾","徐汇","长宁","静安","普陀","闸北","虹口","杨浦","闵行","宝山","嘉定","浦东","金山","松江","青浦","南汇","奉贤","崇明"],
["天津","和平","东丽","河东","西青","河西","津南","南开","北辰","河北","武清","红桥","塘沽","汉沽","大港","宁河","静海","宝坻","蓟县"],
["湖南","长沙","常德","株洲","湘潭","衡阳","岳阳","邵阳","益阳","娄底","怀化","郴州","永州","湘西","张家界"],
["台湾","台北","高雄","台中","台南","屏东","南投","云林","新竹","彰化","苗栗","嘉义","花莲","桃园","宜兰","基隆","台东","金门","马祖","澎湖"]
];
```

编写 fillProvince 函数并为 window 对象的 onload 事件绑定此函数，用于在页面加载完成时向省份列表框中填充各个省份。代码如下。

```
function fillProvince()
{
var targetSlt = document.forms["frmCompany"].elements["company[address1]"];
var opt;
for(var i =0;i <cityList.length;i ++)
{
opt =new Option(cityList[i][0] , cityList[i][0]);
targetSlt.options.add(opt);
}
}
window.onload = fillProvince;
```

编写 fillCity 函数，用于在省份列表框发生变更时向城市列表框填充相关城市。代码如下。

```
function fillCity()
{
var provinceSlt = document.forms["frmCompany"].elements["company[address1]"];
var province = provinceSlt.options[provinceSlt.selectedIndex].value;
var targetSlt = document.forms["frmCompany"].elements["company[address2]"];
targetSlt.options.length = 1;
var opt;
for(var i = 0;i < cityList.length;i ++)
{
if(province == cityList[i][0])
{
for(var j = 1 ; j < cityList[i].length ; j ++)
{
opt = new Option(cityList[i][j] , cityList[i][j]);
targetSlt.options.add(opt);
}
break;
}
}
}
```

为省份列表框的数据变更事件绑定 fillCity 函数。代码如下。

```
<select  id = "company_address1"name = "company[address1]" onchange = "fillCity();" >……
```

window 对象包含 onload 事件，在页面加载完成时引发。

列表框元素包含 onchange 事件，在列表框数据变更时引发。

列表框元素包含 selectedIndex 属性，用于获得和设置被选中的选项的索引。

列表框元素的 options 属性引用它所包含的选项的集合。此集合有整型索引器，可以通过选项的索引号从这个集合中获取此选项。此集合还包含了 length 属性，用于获取和设置选项的数量。此集合包含了 add 方法，用于将新的选项添加到列表框中。此集合还包含 remove 方法，用于移除指定索引号的选项。

Option 对象表示列表框中某个选项。它包含了 text、value、selected 等属性。要获取新的选项，可使用 Option 对象的构造函数。

JavaScript 不支持二维及多维数组，但是可实现锯齿数组，即数组的某个元素引用了其他数组对象。

第三节　图片轮换

门户网站的首页一般会使用图片轮换的方式展示最新的新闻，如图 9-6 所示。

图 9-6　门户网站的首页

图 9-6 中，页面加载完成后，4 幅图片将自动轮换，间隔时间为 3 s。如果单击数字按钮，则直接跳转到相应的图片，继续轮换。

创建名为 index.html 的网页文档。

编写如下代码。

```
<html>
<head>
<title>XXX</title>
</head>
<body>
<div id="container">
<img class="image" id="img_1" src="200911230901387389.jpg" alt="五十米天梭将傲立新株洲站"/> <img class="image" style="display:none;" id="img_2" src="200911230932109063.jpg" alt="长沙一公交车发生自燃烧成空壳"/>
```

```
    <img class = "image "style = "display:none;"id = "img_3 "src
= "20091123092700 6166.jpg"alt = "罕见白鹤在湖南境内越冬" />
    <img class = "image "style = "display:none;"id = "img_4 "src
= "20091122115220 3210.jpg"alt = "'天下第一饺'亮相火宫殿" />
    <div id = "navBar" >
    <span id = "btn_1 "class = "btn" >1 </span > <span id = "btn_
2 "class = "btn" >2 </span > <span id = "btn_3 "class = "btn" >3 </
span > <span id = "btn_4 "class = "btn" >4 </span >
    </div >
    </div >
    </body >
    </html >
```

注意：4 幅图片仅有第一幅默认处于显示状态，而其他 3 幅则暂时处于隐藏状态。

在 <head> </head>标签内添加 <style> </style>标签，并创建样式选择器。代码如下。

```
    <style type = "text/css" >
    .image{
    width:240px;height:170px;
    }
    .btn{
    width:30;x;text - align:center;margin:2px;cursor:hand;
    background - color:white;color:gray;
    }
    .btnCurrent{
    width:30;x;text - align:center;margin:2px;
    background - color:#dddddd;color:green;
    }
    </style >
```

在 <head> </head>标签内添加 <script> </script>标签，在其中创建用于实现图片轮换的函数 alternateImage，并将 window 对象的 onload 事件绑定此函数。代码如下。

```
<script type="text/javascript">
var index=1;
var timer;
function alternateImage(newIndex)
{
if(newIndex!=undefined)
{
    index=newIndex;
    window.clearTimeout(timer);}
    for(var i=1;i<=4;i++)
    {
            if(i==index)
            {
                document.getElementById("img_"+i).style.
display="inline";
                document.getElementById("btn_"+i).class-
Name="btnCurrent";
            }
            else
            {
                document.getElementById("img_"+i).style.
display="none";
                document.getElementById("btn_"+i).class-
Name="btn";
            }
    }
            index++;
            if(index>4)
                {
                    index=1;
                }
            timer=window.setTimeout("alternateImage();",3000);
}
window.onload=alternateImage;
</script>
```

为4个作为数字按钮的 span 标签添加将其 onclick 事件绑定到 alternateImage

函数的代码如下。

```
<span id = "btn_1" class = "btn" onclick = "alternateImage
(this.innerHTML);" >1 </span>……
```

window 对象的 setTimeout 方法用于延时执行 JS 代码，其中第一个参数为将要延时执行的代码，第二个参数为延时的时间（以 ms 计算）。此方法的返回值为用于延时执行代码的计时器对象，此对象可用 window 对象的 clearTimeout 方法清除，即放弃对代码的延时执行。

document 对象的 getElementById 方法用于在文档中查找并返回特定的某个元素，以元素的 id 属性的值为参数。

页面元素对象的 style 属性用于获取和设置此元素的样式对象，样式对象包含了一些元素当前的所有样式信息。

页面元素对象的 className 属性用于获取或设置此元素的类选择器名称，实际上它表示 HTML 标签的 class 属性。

第四节 使用 jQuery 简化 DOM 操作

在应用界面比较复杂的 Web 应用程序中，经常要对页面元素进行操作，包含创建新的页面元素、删除现有的页面元素、对页面元素的内容或样式进行更改、为页面元素绑定事件处理程序等。实现这些功能的一般步骤是使用 DOM 接口的方法或属性，首先查找到特定的页面元素或相关的一组页面元素，再对它们进行操作。但直接使用 DOM 接口对页面元素进行访问则非常烦琐。

图 9 –7 所示界面用于实现一个简单的加法计算器。

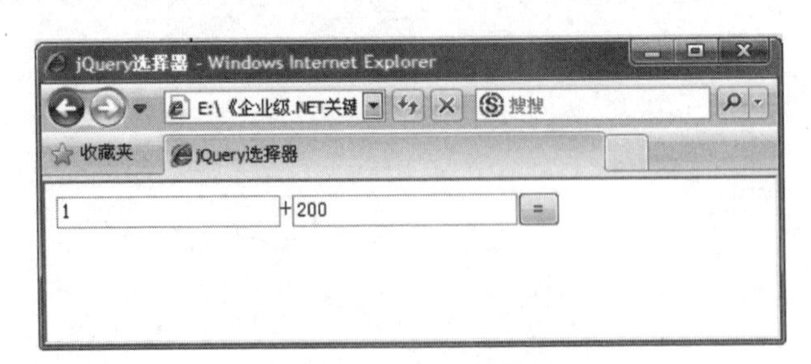

图 9 –7 加法计算器

用户在两个文本框中输入数字，之后单击“ = ”按钮，将在按钮右侧的空白标签内显示加法运算的结果。

相关的 HTML 代码如下。

```
<!DOCTYPE html PUBLIC "-//W3C//DTD XHTML 1.0 Transitional//
EN""http://www.w3.org/TR/xhtml1/DTD/xhtml1-transitional.dtd">
<html>
<head>
<title>jQuery 选择器</title>
</head>
<body>
<input value="1"/> + <input value="200"/> <input type
="button"value="="/> <label > </label>
</body>
</html>
```

使用常规的 DOM 方式完成此任务时，代码量比较庞大。使用名为 jQuery 的 JavaScript 扩展库能有效地减少对页面元素进行 DOM 操作所需的代码量，它的核心功能是实现了一种非常灵活的查找页面元素的机制。包含通过元素的标签名、元素的 id 属性、元素的 class 属性、元素的上下文关系等方式查找。

访问 http://code.google.com/p/jqueryjs/downloads/list，下载 jQuery 库的文件 jquery-1.3.2.min.js，存放到页面所在目录。

在页面中引用 jQuery 库的文件。

```
<script type="text/javascript" src="jquery-1.3.2.min.
js"></script>
```

在 Body 标签即将关闭的位置，编写如下代码。

```
<script type="text/javascript">
    $("input[type='button']").click(
    function(){
    var i=0;
    $("input[type='text']").each(
    function(){
        i+=parseInt($(this).val());
        }
    );
    $("label").text(i);
    }
  );
</script>
```

保存。

在浏览器中测试功能。

在第一个文本框中输入数字 12，在第二个文本框中输入数字 23，单击“ = ”按钮。结果如图 9 – 8 所示。

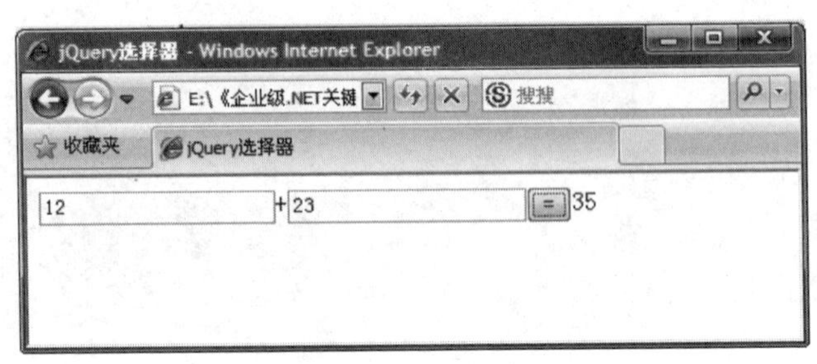

图 9 – 8　结果

现在期望在页面初始化时，两个文本框宽度都为 50 像素，且仅有蓝色线实线的下边框。

在之前的 JS 脚本块中继续编写以下代码。

```
    $("input:lt(2)").css("border","none").css("borderBot-
tom","solid 1px blue").css("width","50px");
```

保存。

在浏览器中测试功能。

页面初始化时，界面如图 9 – 9 所示。

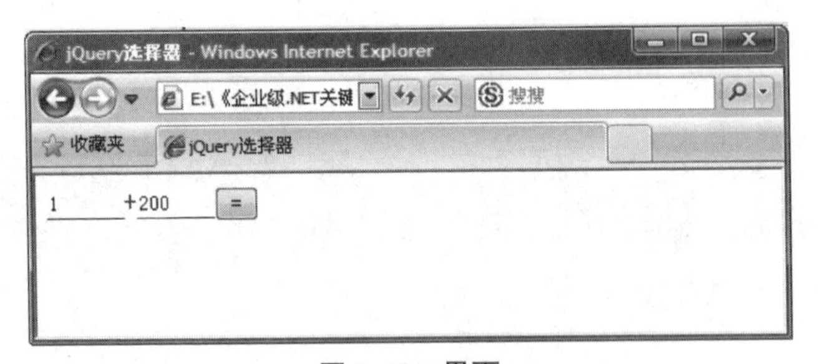

图 9 – 9　界面

本小节示例完整代码如下。

```
    <!DOCTYPE html PUBLIC "-//W3C//DTD XHTML 1.0 Transitional//
EN""http://www.w3.org/TR/xhtml1/DTD/xhtml1-transitional.dtd">
    <html>
          <head>
        <title>jQuery 选择器</title>
```

```
        <script type="text/javascript" src="jquery-1.3.
2.min.js"></script>
        </head>
        <body>
          <input value="1"/> + <input value="200"/> <in-
put type="button" value="="/> <label > </label>
        <script type="text/javascript">
            $("input[type='button']").click(
                    function(){
                     var i=0;
            $("input[type='text']").each(
                    function(){
            i+=parseInt($(this).val());
                        }
                       );
                $("label").text(i);
                        }
                       );
        $("input:lt(2)").css("border","none").css("borde-
rBottom","solid 1px blue").css("width","50px");
                    </script>
    </body>
    </html>
```

$是 jQuery 库提供的一个入口方法，它的功能是根据参数查找 DOM 节点，返回包装了 DOM 节点的 jQuery 对象。如果查找到的 DOM 节点不止一个，则返回包装了 DOM 节点列表的 jQuery 对象数组。

click 方法是为当前的 jQuery 对象绑定其 onclick 事件的处理函数。

each 方法用于对当前的 jQuery 对象数组内部的各个 jQuery 对象进行遍历。

val 方法用于获取当前 jQuery 对象的 value 值。

text 方法用于设置当前 jQuery 对象的内部文本。

css 方法用于设置当前 jQuery 对象的 CSS 样式属性。

关于 jQuery 库的详细使用，可访问 http://jqueryjs.googlecode.com/files/jquery-1.3.2-release.zip，下载并参考其文档及示例程序。

第十章

Servlet的研究

第一节　Servlet的基本架构

Servlet（Java服务器小程序）是一个基于Java技术的Web组件，运行在服务器端，由Servlet容器所管理，用于生成动态的内容。Servlet是平台独立的Java类，编写一个Servlet，实际上就是按照Servlet规范编写一个Java类。Servlet被编译为平台独立的字节码，可以被动态地加载到支持Java技术的Web服务器中运行。

Servlet看起来像是通常的Java程序，需要导入特定的属于Java Servlet API的包。因为其是对象字节码，所以可以动态地从网络加载。由于Servlet运行于Server中，它们并不需要一个图形用户界面。

Servlet的主要功能在于交互式地浏览和修改数据，生成动态Web内容。这个过程可以描述如下：

（1）客户端发送请求至服务器。

（2）服务器将请求信息发送至Servlet。

（3）Servlet生成响应内容并将其传给Server。响应内容动态生成，通常取决于客户端的请求。

（4）服务器将响应返回给客户端。

Servlet容器将Servlet动态地加载到服务器上。HTTP Servlet使用HTTP请求和HTTP响应与客户端进行交互。因此，Servlet容器支持请求和响应所有的HTTP协议。Servlet应用程序体系结构如下：

客户端→HTTP请求→HTTP服务器→Servlet容器→Servlet

客户端←HTTP响应←HTTP服务器←Servlet容器←Servlet

此结构说明客户端对Servlet的请求首先会被HTTP服务器接收，HTTP服务器将客户的HTTP请求提交给Servlet容器，Servlet容器调用相应的Servlet，Servlet做出的响应传递到Servlet容器，进而由HTTP服务器将响应传输给客户端。

Servlet的总体系结构可用图10-1表示。

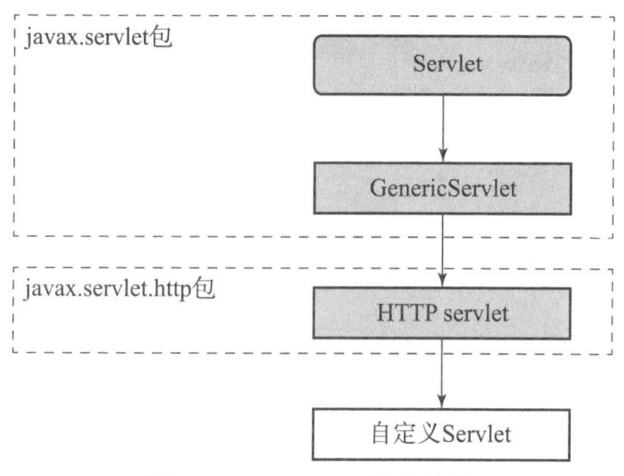

图 10－1 Servlet 体系结构

根据 Servlet 容器工作模式的不同，可以将 Servlet 容器分为 3 类：

（1）独立的 Servlet 容器。

当使用基于 Java 技术的 Web 服务器时，Servlet 容器作为构成 Web 服务器的一部分而存在。然而，大多数的 Web 服务器并非基于 Java，所以不讨论独立的 Servlet 的容器。

（2）进程内的 Servlet 容器。

Servlet 容器由 Web 服务器插件和 Java 容器两部分组成。Web 服务器插件在某个 Web 服务器内部地址空间中打开一个 JVM（Java 虚拟机），使得 Java 容器可以在此 JVM 中加载并运行 Servlet。如有客户端调用 Servlet 的请求到达，插件取得对此请求的控制并将它传递（使用 JNI 技术）给 Java 容器，然后由 Java 容器将此请求交由 Servlet 进行处理。进程内的 Servlet 容器对于单进程、多线程的服务器非常适合，提供了较高的运行速度，但伸缩性有所不足。

（3）进程外的 Servlet 容器。

Servlet 容器运行于 Web 服务器之外的地址空间，它也是由 Web 服务器插件和 Java 容器两部分组成的。Web 服务器插件和 Java 容器（在外部 JVM 中运行）使用 IPC 机制（通常是 TCP/IP）进行通信。当一个调用 Servlet 的请求到达时，插件取得对此请求的控制并将其传递（使用 IPC 机制）给 Java 容器。进程外 Servlet 容器对客户请求的响应速度不如进程内的 Servlet 容器，但进程外容器具有更好的伸缩性和稳定性。

第二节 Servlet 的生命周期

Servlet 总的生命周期可用图 10－2 表示，后面会一一详细介绍。

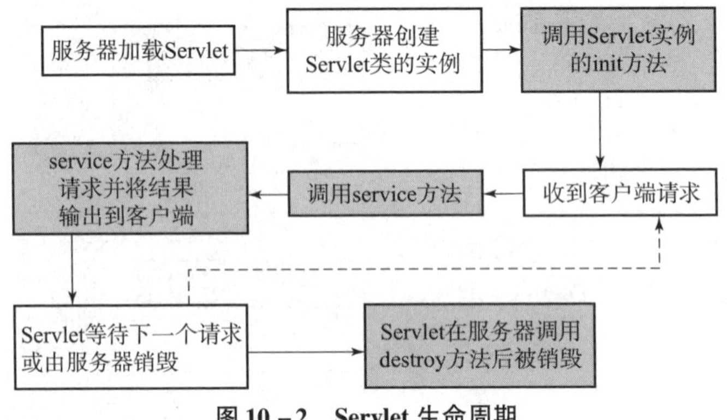

图 10－2　Servlet 生命周期

Servlet 生命周期的定义，包括如何加载、实例化、初始化、处理客户端请求及如何被移除。这个生命周期由 javax. servlet. Servlet 接口的 init( )、service( ) 和 destroy( ) 方法表达。

1. 初始化时期

装载 Servlet，这项操作一般是动态执行的。有些服务器提供了相应的管理功能，可以在启动的时候就装载 Servlet 并能够初始化特定的 Servlet。当一个服务器装载 Servlet 时，它运行 Servlet 的 init( ) 方法。

```
public void init(ServletConfig config)throws ServletException
{
    super.init(config);
}
```

需要记住的是，要在 init( ) 结束时调用 super. init( ) 方法。init( ) 方法不能反复调用，一旦调用，就要重新装载 Servlet，直到服务器调用 destroy( ) 方法卸载 Servlet 后才能再调用。

2. 执行时期

一个客户端的请求到达服务器，服务器会创建一个请求对象、一个响应对象，激活 Servlet 的 service( ) 方法，并传递请求和响应对象。service( ) 方法获得关于请求对象的信息、处理请求、访问其他资源、获得需要的信息。service( ) 方法使用响应对象的方法，将响应传回服务器，最终到达客户端。service( ) 方法可能激活其他方法以便处理请求，如 doGet( ) 或 doPost( ) 或程序员自己开发的方法。在 Servlet 执行期间，最多的应用是处理客户端的请求并产生一个网页。其代码如下所示：

```
    response.setContentType(CONTENT_TYPE);
    PrintWriter out = response.getWriter();
    out.println("<html>");
    out.println("<head>");
    out.println("<title>这是一个 servlet 测试页面</title>");
    out.println("<metahttp-equiv=\"Content-Type\"content
=\"text/html;charset=gb2312\">");
    out.println("</head>");
    out.println("<body bgcolor=\"#FFFFFF\">");
    out.println("</body></html>");
    out.close();
```

3. Servlet 结束时期

Servlet 一直运行，直到被服务器卸载。在结束时，收回在 init()方法中使用的资源。在 Servlet 中是通过 destory()方法来实现的。

```
public void destory()
{
    //回收在 init()中启用的资源
}
```

这就是一个 Servlet 的生命周期。接口规定了在调用 service()方法之前，必须首先完成 Servlet 的 init()方法。同样，在 Servlet 被销毁之前，要先调用 destroy()方法。一旦请求了一个 Servlet，就没有办法阻止 Servlet 容器执行一个完整的生命周期，尽管这不是最优的，但却是接口所要求的。

实际上，Servlet 容器有必要在 Servlet 启动时创建它的一个实例，或者说，当 Servlet 首次被调用，并保持这个 Servlet 实例在内存中时，让它对所有的请求进行处理。容器可以决定在任何时期把这个实例从内存中移走。Servlet 有一段时间没有被调用过，或者是容器正在关闭时，容器就会很容易把实例移走。

第三节　Servlet 案例

代码范例 10.1：

```
import java.io.*;
import javax.servlet.*;
import javax.servlet.http.*;
```

```
import java.awt.*;
import java.awt.image.*;
import javax.imageio.ImageIO;

public class CheckCodeServlet extends HttpServlet
{
    private static final String CONTENT_TYPE = "text/html;
charset=utf-8";
    //设置字母的大小
    private Font mFont = new Font("Times New Roman", Font.
PLAIN, 17);
    public void init() throws ServletException
    {
        super.init();
    }
    Color getRandColor(int fc,int bc)
    {
        Random random = new Random();
        if(fc>255) fc=255;
        if(bc>255) bc=255;
        int r = fc + random.nextInt(bc - fc);
        int g = fc + random.nextInt(bc - fc);
        int b = fc + random.nextInt(bc - fc);
        return new Color(r,g,b);
    }

    public void service(HttpServletRequest request, HttpServle-
tResponse response) throws ServletException, IOException
    {
        response.setHeader("Pragma","No-cache");
        response.setHeader("Cache-Control","no-cache");
        response.setDateHeader("Expires", 0);
        //表明生成的响应是图片
```

```
        response.setContentType("image/jpeg");

        int width =100, height =18;
        BufferedImage image = new BufferedImage ( width,
height, BufferedImage.TYPE_INT_RGB);

        Graphics g = image.getGraphics();
        Random random =new Random();
        g.setColor(getRandColor(200,250));
        g.fillRect(1, 1, width -1, height -1);
        g.setColor(new Color(102,102,102));
        g.drawRect(0, 0, width -1, height -1);
        g.setFont(mFont);
        g.setColor(getRandColor(160,200));
        //画随机线
        for (int i =0;i <155;i ++)
        {
            int x = random.nextInt(width -1);
            int y = random.nextInt(height -1);
            int x1 =random.nextInt(6) +1;
            int y1 =random.nextInt(12) +1;
            g.drawLine(x,y,x + x1,y + y1);
        }

        //从另一方向画随机线
        for (int i =0;i <70;i ++)
        {
            int x = random.nextInt(width -1);
            int y = random.nextInt(height -1);
            int x1 =random.nextInt(12) + 1;
            int y1 =random.nextInt(6) + 1;
            g.drawLine(x,y,x - x1,y - y1);
        }

        //生成随机数,并将随机数字转换为字母
        String sRand = "";
```

```
        for (int i =0;i <6;i ++)
        {
            int itmp = random.nextInt(26) + 65;
            char ctmp = (char)itmp;
            sRand + = String.valueOf(ctmp);
            g.setColor(new Color(20 + random.nextInt(110),
20 +random.nextInt(110),20 +random.nextInt(110)));
            g.drawString(String.valueOf(ctmp),15 * i +10,16);
        }

            HttpSession session = request.getSession(true);

            session.setAttribute("rand",sRand);
            g.dispose();
             ImageIO.write(image, "JPEG", response.getOut-
putStream());

        }

        public void destroy()
        {
        }
    }
```

下一个主页提交的 Servlet：

```
    import java.io.*;
import javax.servlet.*;
import javax.servlet.http.*;
public class LogonFormServlet extends HttpServlet
{
    public void service(HttpServletRequest request,
        HttpServletResponse response) throws ServletExcep-
tion, IOException
    {
        response.setContentType("text/html;charset =GB2312");
        PrintWriter out = response.getWriter();
```

```
        HttpSession session =request.getSession(false);
        if(session ==null)
        {
            out.println("验证码处理问题!");
            return;
        }
        String savedCode = ( String ) session. getAttribute ( "
check_code");
        if(savedCode ==null)
        {
            out.println("验证码处理问题!");
            return;
        }
        String checkCode =request.getParameter("check_code");
        if(! savedCode.equals(checkCode))
        {
            /* 验证码未通过,不从 Session 中清除原来的验证码,
    以便用户可以退回登录页面继续使用原来的验证码进行登录 */
            out.println("验证码无效!");
            return;
        }
        /* 验证码检查通过后,从 Session 中清除原来的验证码,
        以防用户退回登录页面继续使用原来的验证码进行登录 */
        session.removeAttribute("check_code");
        out.println("验证码通过,服务器正在校验用户名和密码!");
    }
}
```

第四节　MVC

早期的 JSP 规范提出了两种用 JSP 技术建立应用程序的体系模式。这两种体系模式在术语中分别称作 Model 1 和 Model 2，它们的本质区别在于处理批量请求的位置不同。在 Model 1 体系中，如图 10 - 3 所示，JSP 页面独自响应请求并将处理结果返回客户。这里很容易发现一个问题：存在表现与内容的分离，因为所有的数据存取都是由 JavaBean 来完成的。

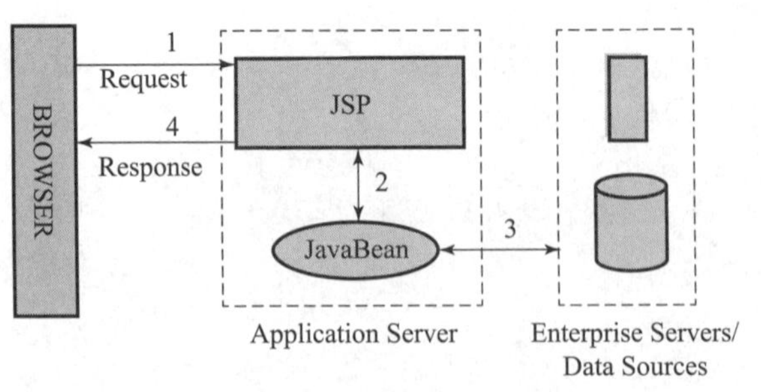

图 10－3　Model 1

Model 2 和 Model 1 最大的区别是引入了 MVC 设计模式的概念，即 M（Model：业务逻辑）、V（View：系统 UI）、C（Controller：控制）分离，用户的所有请求提交给 Controller，由 Controller 进行统一分配，并且采用推的方式将不同的 UI 显示给用户，如图 10－4 所示。

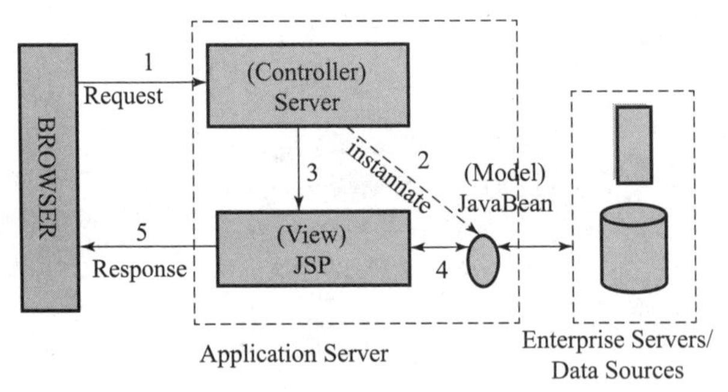

图 10－4　Model 2

尽管 Model 1 体系十分适合简单应用的需要，但它却不能满足复杂的大型应用程序的实现。运用 Model 1，会导致 JSP 页内被嵌入大量的脚本片段或 Java 代码，特别是当需要处理的请求量很大时，情况更为严重。尽管这对于 Java 程序员来说可能不是什么大问题，但如果 JSP 页面是由网页设计人员开发并维护的——通常这是开发大型项目的规范——这就确实是个问题了。从根本上讲，将导致角色定义不清和职责分配不明，给项目管理带来不必要的麻烦。

Model 2 体系结构是一种把 JSP 与 Servlet 联合使用来实现动态内容服务的方法。它吸取了 JSP 与 Servlet 两种技术各自的突出优点，用 JSP 生成表达层的内容，让 Servlet 完成深层次的处理任务。在这里，Servlet 充当控制者 Controller 的角色，负责管理对请求的处理、创建 JSP 页需要使用的 bean 和对象，同时，根据用户的动作决定把哪个 JSP 页传给请求者。特别要注意，在 JSP 页内没有处理逻辑，它仅负责检索原来先由 Servlet 创建的对象或 bean，从 Servlet 中提取动态内容插入静态模板。这是一种有代表性的方法，它清晰地分离了表达和内容，明确了角色的定义及开发者与网页设计者的分工。事实上，项目越复杂，使用 Model 2 体系结构的好处就越多。

MVC 的各组成部分的功能如下。

1. 视图（V）

视图是用户看到并与之交互的界面。视图向用户展示用户感兴趣的业务数据，并能接收用户的输入数据，但是视图并不进行任何实际的业务处理。视图可以向模型查询业务数据，但不能直接改变模型中的业务数据。视图还能接收模型发出的业务数据更新事件，从而对用户界面进行同步更新。在 Java Web 应用开发中，JSP 充当了这个角色。

2. 模型（M）

模型是应用程序的主体部分。模型表示业务数据和业务逻辑。一个模型能为多个视图提供业务数据。同一个模型可以被多个视图重用。在 Java Web 应用开发中，JavaBean 充当了这个角色。

3. 控制器（C）

控制器接收用户的输入并调用模型和视图去完成用户的请求。当用户在视图上单击按钮或菜单时，控制器接收请求并调用相应的模型组件去处理请求，然后调用相应的视图来显示模型返回的数据。在 Java Web 应用开发中，Servlet 充当了这个角色。

MVC 的 3 个模块也可以看作软件的 3 个层次：第一层为视图层（JSP），第二层为控制器层（Servlet），第三层为模型层（JavaBean）。总的说来，层与层之间为自上而下的依赖关系，下层组件为上层组件提供服务。视图层与控制器层依赖模型层来处理业务逻辑和提供业务数据。此外，层与层之间还存在两处自下而上的调用：一处是控制器层调用视图层来显示业务数据，另一处是模型层通知客户层同步刷新界面。为了提高每个层的独立性，应该使每个层对外公开接口，封装实现细节。首先，用户在视图提供的界面上发出请求，视图把请求转发给控制器，控制器调用相应的模型来处理用户请求，模型进行相应的业务逻辑处理，并返回数据。最后，控制器调用相应的视图来显示模型返回的数据。

第十一章

AJAX 的研究

第一节　AJAX 的基本原理

2005 年 2 月，Adaptive Path 公司的 Jesse James Garrett 在他的“AJAX：A New Approach to Web Applications”一文中首次提出了 AJAX 这个名词。Garrett 将 JavaScript、XHTML、CSS、DOM、XMLHttpRequest、XML 和 XSTL 综合运用的技术称为 AJAX。将 Swing、WinForm 开发的桌面应用程序和以前学习的 JSP/Servlet 开发的 Web 应用程序进行对比，不难发现，Web 应用程序的交互效果都不如桌面应用程序，比如客户端校验功能和用户体验效果，这让很多用户耿耿于怀，更让程序员如鲠在喉。Garrett 的文章中提出了一个理念：使用 AJAX 消除 Web 应用程序和桌面应用程序在系统的人机交互方面存在的差距。

在 Garrett 这篇文章发表之前，AJAX 在一些 Web 应用程序中已经得到了应用，比如谷歌公司已将 AJAX 技术运用到了谷歌搜索、谷歌地图中，只是这个时候 AJAX 概念并没有被业界所知。原来的 AJAX 有一个冗长的名字：异步的 JavaScript、CSS、DOM 和 XMLHttpRequest（Asynchronous JavaScript + CSS + DOM + XMLHttpRequest）。Garrett 将 Google 公司这种基于多种交互操作技术的新型动态 Web 应用技术称为 AJAX，即 Asnchronous JavaScript and XML，中文意思是异步 JavaScript 和 XML。这个简短的类似荷兰一支著名足球队的名字 AJAX，非常形象地概括了这个技术的特点，如今，它已经和那支足球队一样，风靡全球。

AJAX 不是一门新技术，只是将多种技术进行综合运用，包括 JavaScript、XHTML 和 CSS、DOM、XSTL、XMLHttpRequest 等技术。其中：

（1）使用 XHTML 和 CSS 呈现界面给用户。

（2）使用 DOM 实现动态的显示和交互。

（3）使用 XMLHttpRequest 实现与服务器的异步通信（传统 Web 应用程序交互是同步的）。

（4）使用 JavaScript 将 XTML、DOM、XML、XMLHttpRequest 绑定。

AJAX 的主要功能在于，将浏览器客户端和服务器端传统的同步交互通信方式改变为异步通信交互方式，从而丰富了浏览器客户端功能，解决了浏览器频繁刷新页面等待数据传输的问题，改善了 Web 应用程序用户的体验。使用 AJAX，即使不重载刷新 Web 页面，用户也可以很方便地得到 Web 服务器的数据。

AJAX 采用的是异步交互方式，它相当于在浏览器客户端与服务器之间架设了一个桥梁、一个媒介，在它的帮助下，可以消除同步交互方式中出现的处理→等待→处理→等待等缺陷。在处理过程中，Web 服务器响应是将标准的且易于解析的 XML 格式的数据传递给 AJAX，然后再转换成 HTML 页面的格式，辅助 CSS 进行显示。

AJAX 是使用 XMLHttpRequest 对象发送请求并获得服务器端的响应，同时，AJAX 可以在不重新载入整个页面的情况下，用 JavaScript 操作 DOM 来实现最终更新页面。因此，在读取数据过程中，用户所面对的不再是白屏，而是原来的内容。这种更新是瞬间的，用户几乎感觉不到，对用户来说，这是一种连贯的感受。

借助 AJAX 的力量可以把以前一些原来由服务器负担的工作转移到客户端来实现，利用客户端闲置的能力进行处理，这样也可以有效地减轻服务器和带宽的负担，节约空间和宽带租用成本。图 11 -1 描述了 AJAX 的运行基本原理。

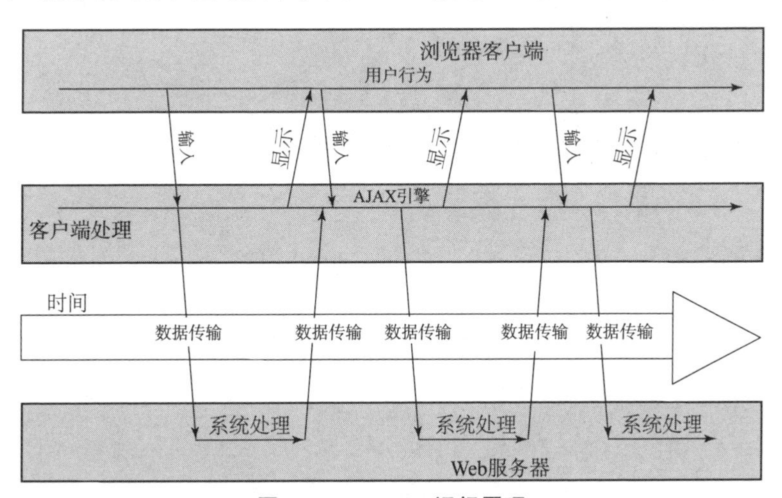

图 11 -1　AJAX 运行原理

第二节　两种提交方式

在 AJAX 的 open 方法中，第一个参数代表传递方式，根据很多资料所载，可以使用 get、post、head 及其他任何服务器所支持的传递方式对变量进行传递。

在 AJAX 中，一般情况下，send 方法用于传递 null 值，但是在 post 方式下，send 方法传递的则是参数。

post 方式可以使用数据、保存数据；使用 get 方式时，必须保证参数的唯一。

在 get 方式中，参数是与 URL 一同被发送的，如 http://localhost/ajaxtest/proceajax.php? name = stven&pws = 123；但是在 post 方式中，直接使用“?”后的数据信息即可。

下面通过两个例子来对比二者的区别和使用，代码中有详细的注释。

代码范例 11.1：

```
<head>
    meta http-equiv="Content-Type" content="text/html;
charset=utf-8"/>
     <title>Untitled Document </title>
</head>

<script language="javascript">
    function saveUserInfo() {
        //获取返回信息层
        var msg=document.getElementById("msg");

        //获取表单对象和用户信息值
        var f=document.user_info;
        var userName=f.user_name.value;
        var userAge=f.user_age.value;
        var userSex=f.user_sex.value;

        //接收表单的 URL 地址
        var url="/ajax_output.php";

        //需要 post 的值,把每个变量都通过"+"来连接
        var postStr="user_name="+ userName + "user_age="
+ userAge+ "user_sex="+ userSex;

        //实例化 AJAX
        //var ajax=InitAjax();

        var ajax=false;
        //初始化 XMLHttpRequest 对象
```

```
        if (window.XMLHttpRequest) { //Mozilla 浏览器
            ajax = new XMLHttpRequest();
            if (ajax.overrideMimeType) {//设置 MiME 类别
                ajax.overrideMimeType("text/xml");
            }
        } else if (window.ActiveXObject) { //IE 浏览器
            try {
                ajax = new ActiveXObject("Msxml2.XMLHTTP");
            } catch (e) {
                try {
                    ajax = new ActiveXObject("Microsoft.XMLHTTP");
                } catch (e) {
                }
            }
        }
    if (!ajax) { //异常,创建对象实例失败
        window.alert("不能创建 XMLHttpRequest 对象实例.");
        return false;
    }

    //通过 post 方式打开连接
    ajax.open("POST", url, true);

    //定义传输的文件 HTTP 头信息
    ajax.setRequestHeader("Content-Type","application/x-
www-form-urlencoded");

    //发送 post 数据
    ajax.send(postStr);

    //获取执行状态
    ajax.onreadystatechange = function() {
        //如果执行状态成功,那么就把返回信息写到指定的层里
        if (ajax.readyState == 4 && ajax.status == 200) {
            msg.innerHTML = ajax.responseText;
        }
    }
}
```

```
</script>
<body>
    <div id="msg"></div>
    <form name="user_info"method="post"action="">
        姓名:
        <input type="text"name="user_name"/>
        <br />
        年龄:
        <input type="text"name="user_age"/>
        <br />
        性别:
        <input type="text"name="user_sex"/>
        <br />

        <input type="button"value="提交表单"onClick=
    saveUserInfo();
>
    </form>

</body>
```

代码范例 11.2:

```
<head>
<meta http-equiv="Content-Type"content="text/html;
charset=utf-8"/>
<title>Untitled Document</title>
</head>
  <script language="javascript">
function saveUserInfo()
{
//获取返回信息层
var msg=document.getElementById("msg");

//获取表单对象和用户信息值
var f=document.user_info;
var userName=f.user_name.value;
var userAge=f.user_age.value;
```

```
var userSex = f.user_sex.value;

//接收表单的 URL 地址
var url = "/ajax_output.php? user_name = " + userName + "user_
age = " + userAge + "user_sex = " + userSex";

//实例化 AJAX
//var ajax = InitAjax();
         var ajax = false;
        //开始初始化 XMLHttpRequest 对象
        if(window.XMLHttpRequest) { //Mozilla 浏览器
               ajax = new XMLHttpRequest();
               if (ajax.overrideMimeType) {//设置 MiME 类别
                     ajax.overrideMimeType("text/xml");
               }
        }
        else if (window.ActiveXObject) { //IE 浏览器
               try {
                     ajax = new ActiveXObject("Msxml2.XMLHTTP");
               }catch (e) {
                     try {
                    ajax = new ActiveXObject ( " Microsoft.XM-
LHTTP");
                     }catch (e) {}
               }
        }
        if (!ajax) { //异常,创建对象实例失败
               window.alert("不能创建 XMLHttpRequest 对象实例.");
               return false;
        }

//通过 post 方式打开链接
ajax.open("GET", url,true);

//发送 get 数据,已经在 URL 中赋了值,所以 send 那里加个空参即可
ajax.send(null);
```

```
//获取执行状态
ajax.onreadystatechange = function() {
  //如果执行状态成功,那么就把返回信息写到指定的层里
  if (ajax.readyState == 4 && ajax.status == 200) {
   msg.innerHTML = ajax.responseText;
  }
}
}
</script>
<body>
    <div id = "msg" > </div>
    <form name = "user_info"method = "post"action = "" >
        姓名:
        <input type = "text"name = "user_name" />
        <br />
        年龄:
        <input type = "text"name = "user_age" />
        <br />
        性别:
        <input type = "text"name = "user_sex" />
        <br />

        <input type = "button"value = "提交表单"onClick = "save-
UserInfo()" >
    </form>
</body>
```

第三节　AJAX 案例

下面以一个分公司→支公司→代理机构为例，实现三级下拉级联菜单。代码如下：

代码范例 11.3：JS 代码

```
var xmlHttp;
var domainId;///选中的值
var type;
```

```
    function refreshList(typesource, whichjsp) {
        xmlHttp = createXMLHttpRequest();///获取浏览器的版本
        if (xmlHttp) {
            type = typesource;
            if ("branch" == type) {
                getSelectedId("branchinfo");
            } else if ("subbranch" == type) {
                getSelectedId("subbranchinfo");
            }
            var queryStr = "domainId = " + domainId + "&select_
type = " + type;
        var url = "../ticketinfo.do? method = changebranchinfo"
 + whichjsp + "&ts = " + new Date().getTime();
                xmlHttp.open("POST", url);
                xmlHttp.onreadystatechange = handleStateChange;
            xmlHttp.setRequestHeader("Content - Type","applica-
tion/x - www - form - urlencoded;charset = UTF - 8");
                xmlHttp.send(queryStr);
            } else {
                alert("您的浏览器不支持,请下载最新的浏览器...");
            }
        }
        //判断返回是否正确
        function handleStateChange() {
            if (xmlHttp.readyState == 4) {
                if (xmlHttp.status == 200) {
                    updateList();//更新列表
                }
            }
        }
        //根据名称获取选中的值

        function getSelectedId(elementId) {
            //var selectedId = null;
```

```
            var options = document.getElementById(elementId).
childNodes;
            var option = null;
            for ( var i = 0, n = options.length; i < n; i ++ ) {
                option = options[i];
                if (option.selected) {
                    domainId = option.value;
                    //return selectedId;
                }
            }
        }
        //更新列表值

        function updateList() {
            if ("branch" == type) {
                var select = document.getElementById(" sub-
branchinfo");
                var options = xmlHttp.responseXML.getElementsBy-
TagName("domain");
                clearModelsList("subbranchinfo");
                //使用 W3C 标准语法为 SELECT 添加 Option
                var objOption = document.createElement(" OP-
TION");
                objOption.value = "pleasesubbranch";
                objOption.text = "请选择分公司";
                select.options.add(objOption);
                for (var i = 0, n = options.length; i < n; i ++ ) {se-
lect.appendChild(createElementWithValue(options[i]));
                }
            } else if ("subbranch" == type) {
                var select = document.getElementById("agentid");
                var options = xmlHttp.responseXML.getElementsBy-
TagName("domain");
                clearModelsList("agentid");
                //使用 W3C 标准语法为 SELECT 添加 Option
                var objOption = document.createElement("OPTION");
```

```
            objOption.value = "pleaseagent";
            objOption.text = "请选择代理机构";
            select.options.add(objOption);
            for ( var i = 0, n = options.length; i < n; i ++ ) {se-
lect.appendChild(createElementWithValue(options[i]));
            }
        }
    }
    //清除列表的所有值

    function clearModelsList(selectnode) {
        var models = document.getElementById(selectnode);
        while (models.childNodes.length > 0) {
            models.removeChild(models.childNodes[0]);
        }
    }
    //
    function createElementWithValue(text) {
        var element = document.createElement("option");
        element.setAttribute("value", text.getAttribute("id"));
        var text = document.createTextNode(text.firstChild.
nodeValue);
        element.appendChild(text);
        return element;
    }

  function InitGetBranchInfoList() {

     xmlHttp = createXMLHttpRequest(); //获取浏览器的版本
     if (xmlHttp) {
        var url = "../ticketinfo.do? method = initgetbranchlist&ts
= " + new Date().getTime();
        xmlHttp.open("POST", url);
        xmlHttp.onreadystatechange = intithandleStateChange;
        xmlHttp.setRequestHeader("Content - Type",
  "application/x - www - form - urlencoded;charset = UTF - 8");
```

```
        xmlHttp.send(null);
    } else {
        alert("您的浏览器不支持,请下载最新的浏览器...");
    }
}

//判断返回是否正确
function intithandleStateChange() {
    if (xmlHttp.readyState ==4) {
        if (xmlHttp.status ==200) {
            //更新列表
            var select = document.getElementById("branchin-
fo");
            var options =xmlHttp.responseXML
             .getElementsByTagName("domain");

            clearModelsList("branchinfo");
            //使用 W3C 标准语法为 SELECT 添加 Option
            var objOption = document. createElement ( " OP-
TION");
            objOption.value = "pleasebranchinfo";
            objOption.text = "请选择分公司";
            select.options.add(objOption);

            for ( var i =0, n =options.length; i <n; i ++) {se-
lect.appendChild(createElementWithValue(options[i]));
            }
        }
    }
}
```

代码范例 11.4：Java 代码

```
public class TicketinfoAction extends DispatchAction{
private TicketinfoDAO ticketinfodao =null;
private VbranchinfoDAO vbranchinfodao =null;
```

```
    private int p_Size =14;
    public TicketinfoDAO getTicketinfodao() {
        return ticketinfodao;
        }
    public void setTicketinfodao(TicketinfoDAO ticketinfodao) {
        this.ticketinfodao = ticketinfodao;
    }
    //初始化的时候显示所有的分公司名称
public ActionForward initgetbranchlist (ActionMapping mapping, ActionForm form, HttpServletRequest request, HttpServletResponse response) {
            //处理 AJAX 返回乱码问题
            response.setContentType("text/xml; charset=UTF-8");
            StringBuffer responseXML = new StringBuffer("<domains>");
        List branchlist = vbranchinfodao.getBranchInfo_ViewList();if(branchlist!=null && branchlist.size()>0){
                Iterator it =branchlist.iterator();
                while (it.hasNext()) {
                  Vbranchinfo vbranch = (Vbranchinfo)it.next();
                   responseXML.append("<domain");
        responseXML.append (" id = '" + vbranch.getId().getBranchid());
                   responseXML.append("'>");
                   responseXML.append(vbranch.getId().getName());
                   responseXML.append("</domain>");
                }
            }
             responseXML.append("</domains>");
            try {
                PrintWriter out =(PrintWriter)response.getWriter();
                out.write(responseXML.toString());
                //out.flush();
            } catch (IOException e) {
                //do nothing
                e.printStackTrace();
```

```
            }
          return null;
          }
public ActionForward changebranchinfo(ActionMapping mapping,
ActionForm form, HttpServletRequest request, HttpServletRe-
sponse response) {
          //处理 AJAX 返回乱码问题
          response.setContentType("text/xml; charset=UTF-8");
          String domainId=request.getParameter("domainId");
           //下拉列表值
       String select_type=request.getParameter("select_type");
         //选择的是哪一个下拉列表
    StringBuffer responseXML=new StringBuffer("<domains>");
    if(select_type.equals("branch")){
           //如果是选择分公司
           Branchinfo branchinfo = ticketinfodao. getBranch-
infobyBranchID(domainId);
           List list = ticketinfodao.getSubBranchInfoListBy-
Branch(branchinfo);
           if(list!=null && list.size()>0){
              Iterator it=list.iterator();
              while (it.hasNext()) {
              Subbranchinfo subbranch = (Subbranchinfo) it.
next();
           responseXML.append("<domain");
            responseXML.append ( " id ='" + subbranch. getSub-
branchid());
           responseXML.append("'>");
            responseXML.append(subbranch.getName());
            responseXML.append("</domain>");
                         }
                   }
        }else if(select_type.equals("subbranch")){
            //如果是选择支公司
        Subbranchinfo subbranch =
ticketinfodao.getSubbranchinfoBySubBranchID(domainId);
```

```
        List list   =
ticketinfodao.getAgentInfoListBySubBranch(subbranch);
        if(list! =null && list.size() >0){
            Iterator it =list.iterator();
            while (it.hasNext()) {
                Agentinfo agent =(Agentinfo)it.next();
                responseXML.append(" <domain");
if(request.getParameter ( "queryagentname") == null){respon-
seXML.append("id ='" + agent.getAgentid()
                 }
                 else{
                      responseXML.append ( " id ='" + agent.getA-
gentname());
                 }
                 responseXML.append("'>");
                 responseXML.append(agent.getAgentname());
                 responseXML.append(" < /domain >");
            }
        }
    }
    responseXML.append(" < /domains >");
    try {
        PrintWriter out =(PrintWriter)response.getWriter();
        out.write(responseXML.toString());
        out.flush();
    } catch (IOException e) {
         e.printStackTrace();
    }
    return null;
}
    public VbranchinfoDAO getVbranchinfodao() {
            return vbranchinfodao;
}
    public void setVbranchinfodao ( VbranchinfoDAO vbranchin-
fodao) {
            this.vbranchinfodao =vbranchinfodao;
        }
}
```

第十二章

算法与数据结构的研究

第一节　用递归法计算 n!

例如，阶乘函数

$$n! = \begin{cases} 1, & n = 0 \\ n * (n-1)!, & n \geq 1 \end{cases}$$

在一个方法（C 语言中称为函数）的方法体内，不能再定义另一个方法，即不能嵌套定义。但是方法之间允许相互调用，也允许嵌套调用。习惯上把调用者称为主调方法。一个方法在它的方法体内调用它自身，称为递归调用。这种方法称为递归方法。Java 语言允许方法的递归调用。在递归调用中，主调方法又是被调方法。执行递归方法将反复调用其自身，每调用一次，就进入新的一层。

例如有方法 fn 如下。

代码范例 12.1：

```
int fn(int x) {
      int y;
      z = fn(y);
      return z;
}
```

这个方法是一个递归方法。但是运行该方法将无休止地调用其自身，这当然是不正确的。

为了防止递归调用无终止地进行，必须在方法内有终止递归调用的手段。常用的办法是加条件判断，满足某种条件后，就不再做递归调用，然后逐层返回。

任何递归总是由两部分组成的：递归终止条件和递归方式。前者确定递归何时结束，后者确定递归求解时的递推方式。

下面通过用递归法计算 n!，说明递归调用的执行过程。

根据上面提供的计算阶乘函数的公式，可编程如下。

代码范例 12.2：

```
public class Recursion{
    static long factorial ( long n ) {
        if ( n ==0 )
            return 1;
        else
            return n * factorial (n -1); //思考这一步
    }
    public static void main(String[ ] args) {
        System.out.println("result is" + factorial (4));
    }
}
```

程序中给出的方法 factorial 是一个递归方法。主方法 main 调用 factorial 后，即进入方法 factorial 执行，如果 n ==0，将结束方法的执行，否则，就递归调用 factorial 方法自身。由于每次递归调用的实参为 n－1，即把 n－1 的值赋予形参 n，最后当 n－1 的值为 0 时，再做递归调用，形参 n 的值也为 0，将使递归终止。然后可逐层退回。

下面再举例说明该过程。设执行本程序时求 4 的阶乘，即求 4!。main 中的调用语句即为 factorial(4)，进入 factorial 方法后，由于 n =4，不等于 0，故应执行 n * factorial(n－1)，即 4 * factorial(4－1)。该语句对 factorial 做递归调用，即 factorial(3)。

进行 5 次递归调用后，factorial 方法形参取得的值变为 0，故不再继续递归调用而开始逐层返回主调方法。factorial(0) 的返回值为 1，factorial(2) 的返回值为 1 * 2 =2，factorial(3) 的返回值为 2 * 3 =6，factorial(4) 的返回值为 4 * 6 =24。

图 12－1 所示为代码范例 12.2 的执行过程。

递归的基本思想就是将一个较为复杂的大问题分解为几个相对简单的子问题，这些子问题具有与原问题相同的求解方法，只是规模变小了，子问题离递归终止条件更接近。然后再将这些子问题进一步划分成若干规模更小且类同的子问题，直至划分出的子问题可直接求解为止，从而保证经过有限次划分后子问题足够小，达到递归结束终止条件而结束递归。

代码范例 12.2 也可以不用递归的方法来完成。如可以用递推法，即从 1 开始乘以 2，再乘以 3，……，直到 n。递推法比递归法更容易理解和实现。但是有些问题如果使用递归算法，可以简单、快速地解决问题。比如经典的汉诺塔问题。

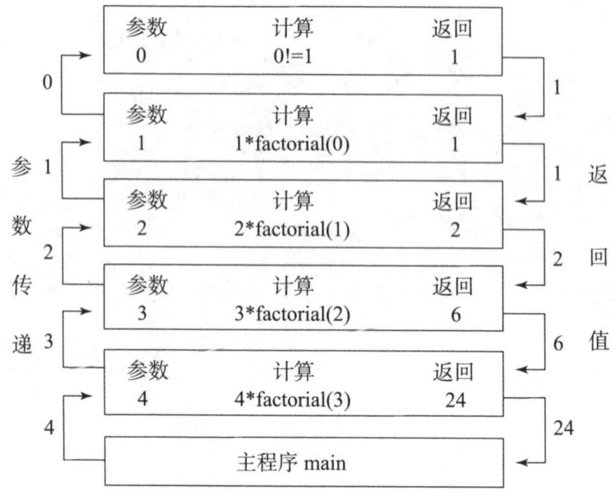

图 12－1 factorial(4)的执行过程

第二节 用递归法解决汉诺塔问题

一块板上有 3 根针：A、B、C。A 针上套有 64 个大小不等的圆盘，大的在下，小的在上，如图 12－2 所示。要把这 64 个圆盘从 A 针移动 C 针上，每次只能移动一个圆盘，移动可以借助 B 针进行。但在任何时候，任何针上的圆盘都必须保持大盘在下，小盘在上。求移动的步骤。

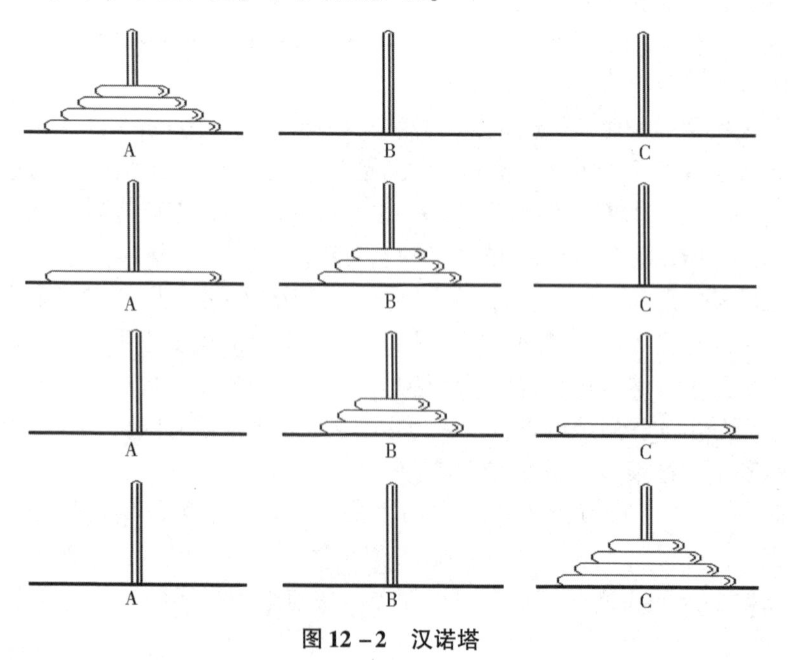

图 12－2 汉诺塔

本题算法分析如下：

设 A 上有 n 个盘子。

如果 n = 1，则将圆盘从 A 直接移动到 C。

如果 n = 2，则：

①将 A 上的 n - 1（等于 1）个圆盘移到 B 上；

②再将 A 上的一个圆盘移到 C 上；

③最后将 B 上的 n - 1（等于 1）个圆盘移到 C 上。

如果 n = 3，则：

1）将 A 上的 n - 1（等于 2，令其为 n′）个圆盘移到 B（借助于 C），步骤如下：

①将 A 上的 n′ - 1（等于 1）个圆盘移到 C 上。

②将 A 上的一个圆盘移到 B。

③将 C 上的 n′ - 1（等于 1）个圆盘移到 B。

2）将 A 上的一个圆盘移到 C。

3）将 B 上的 n - 1（等于 2，令其为 n′）个圆盘移到 C（借助 A），步骤如下：

①将 B 上的 n′ - 1（等于 1）个圆盘移到 A。

②将 B 上的一个盘子移到 C。

③将 A 上的 n′ - 1（等于 1）个圆盘移到 C。

到此，完成了三个圆盘的移动过程。

从上面分析可以看出，当 n≥2 时，移动的过程可分解为 3 个步骤：

①把 A 上的 n - 1 个圆盘移到 B 上。

②把 A 上的一个圆盘移到 C 上。

③把 B 上的 n - 1 个圆盘移到 C 上；其中①和③是类同的。

当 n = 3 时，①和③又分解为类同的三步，即把 n′ - 1 个圆盘从一个针移到另一个针上，这里的 n′ = n - 1。显然这是一个递归过程，据此算法可编程如下。

代码范例 12.3：

```
public class Hanoi{
   static void hanoi(int n, char x, char y, char  z){
        if(n ==1){          //递归结束条件
                  move(x, 1, z);//将编号为 1 的圆盘从 x 移到 z
        }else{              //递归执行体
             hanoi(n -1, x, z, y);    /*将 x 上编号为 1 至 n -1 的
圆盘通过 z 移到 y*/
```

```
            move(x, n, z);      //将编号为 n 的圆盘从 x 移到 z
                hanoi(n -1 , y, x, z);   /* 将 y 上编号为 1 至 n -1 的
圆盘通过 y 移到 x* /
        }
    }
    static void move(char x, int n, char z){
        System.out.println("编号为" + n +"的圆盘从" + x + "移到" + z);
    }
    public static void main(String[] args){
        hanoi(4,'x','y','z');
    }
}
```

从代码 12.3 中可以看出，汉诺塔方法是一个递归方法，它有 4 个形参：n、x、y、z。n 表示圆盘数，x、y、z 分别表示 3 根针。汉诺塔方法的功能是把 x 上的 n 个圆盘移动到 z 上。当 n ==1 时，直接把 x 上的圆盘移至 z 上，输出“x 移到 z”。如果 n! =1，则分为 3 步：递归调用汉诺塔方法，把 n -1 个圆盘从 x 移到 y；输出“x 移到 z”；递归调用汉诺塔方法，把 n -1 个圆盘从 y 移到 z。在递归调用过程中，n =n -1，故 n 的值逐次递减，最后 n =1 时，终止递归，逐层返回。当 n =4 时，程序运行的结果如图 12 -3 所示。

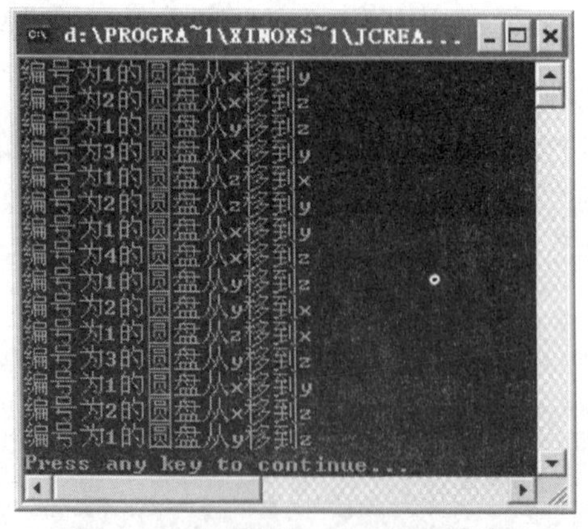

图 12 -3　代码范例 12.3 的运行结果

思考：用递归算法求 n 个整数的最大值。

提示：把数组中的最后一个元素和数组中的前 n -1 个元素中的最大值进行比较，返回较大的那个。

第三节 线性表及抽象数据类型

将一个有 n 个正整数的数组 a[0,n－1] 作为输入，同时生成一个大小与 a 相同的数组 array，然后依次处理 a 中的每个元素：如果当前的 a[i]是奇数，则直接添加到 array 中最后一个元素后面；如果是偶数，则从 array 中最后一个元素开始，向前依次删除所有的奇数。这个过程可以通过图 12－4 来说明。

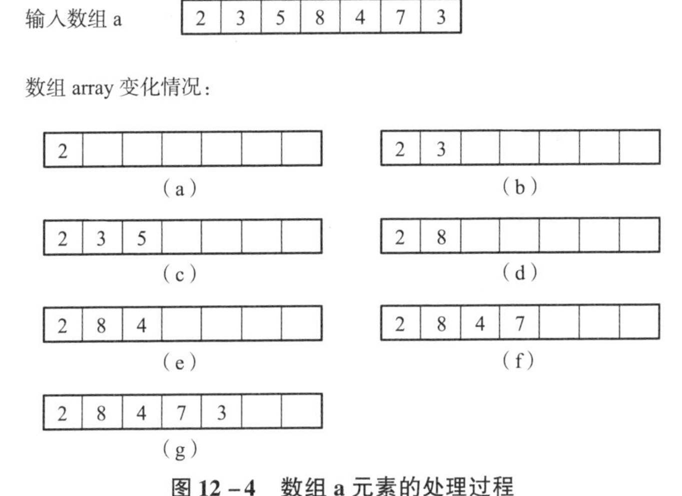

图 12－4 数组 a 元素的处理过程

程序代码如下所示。

代码范例 12.4：

```
public voidfn (int[] a ) {
    int p =0, n =a.length;
    int[] array =new int[n];

    for (int i =0; i <n; i ++){
        if (a[i]% 2 ==0)  //如果是偶数
            while (p >0 && array[p -1]% 2! =0)
                array[p -- ] =0; //删除前面的奇数
        array[p ++ ] =a[i];
    }
    return ;
}
```

可能大家会认为上面的问题比较简单，那么继续考虑一个问题：使用数组来实现一个自己的 ArrayList 类（MyArrayList 类）。

其实，上面两个问题都涉及数据结构和算法，而线性表是最基本的数据结构。

1. 线性表定义

线性表是 n 个相同类型数据元素的有限序列，通常记作(a_0,a_1,…,a_{i-1},a_i,a_{i+1},…,a_{n-1})。

在线性表的定义中，可以看到从 a_0 到 a_{n-1}的 n 个数据是具有相同属性的元素。可以都是数字，例如（3，6，11，13，21，29，30）；也可以都是字符，例如(‘A’,‘B’,‘C’,…,‘Z’)；当然，也可以是具有更复杂结构的数据元素，例如 Java 中定义的各种类（class）。

在线性表的相邻数据元素之间存在着顺序关系，即 a_{i-1}是 a_i的直接前驱，则 a_i是 a_{i-1}的直接后续；同时，a_i又是 a_{i+1}的直接前驱，a_{i+1}是 a_i的直接后续。唯一没有直接前驱的元素 a_0 一端称为表头，唯一没有后续的元素 a_{n-1}一端称为表尾。

线性表中数据元素的个数 n 定义为线性表的长度，当 n = 0 时，线性表为空表。在非空的线性表中，每个数据元素在线性表中都有唯一确定的序号，例如 a_0 的序号是 0，a_i的序号是 i。在一个具有 n > 0 个数据元素的线性表中，数据元素序号的范围是［0，n - 1］。

在这里特别需要注意的是线性表和数组的区别。从概念上来看，线性表是一种抽象数据类型；数组是一种具体的数据结构。可以将数组理解为一种线性表。从物理性质来看，数组中相邻的元素是连续地存储在内存中的；线性表只是一个抽象的数学结构，并不具有具体的物理形式，线性表需要通过其他有具体物理形式的数据结构来实现。在线性表的具体实现中，表中相邻的元素不一定存储在连续的内存空间中，除非表是用数组来实现的。对于数组，可以利用其下标在一个操作内随机存取任意位置上的元素；对于线性表，只能根据当前元素找到其前驱或后继，因此，要存取序号为 i 的元素，一般不能在一个操作内实现，除非表是用数组实现的。

线性表是一种非常灵活的数据结构，线性表可以完成对表中数据元素的访问、添加、删除等操作，表的长度也可以随着数据元素的添加和删除而变化。

2. 线性表的抽象数据类型

下面给出线性表的抽象数据类型定义。

List{

数据对象:D = {a_i | $a_i \in D0$, i = 0, 1, 2,…, n - 1, D0 为某一数据对象}

数据关系:R = { < a_i, a_i + 1 > | a_i, a_i + 1 ∈ D, i = 0, 1, 2,…, n - 2}

基本操作

}

基本操作见表 12－1。

表 12－1　基本操作

方法	功能描述
getSzie( )	返回线性表的大小,即数据元素的个数
isEmpty( )	如果线性表为空,返回 true,否则,返回 false
contains(e)	判断线性表是否包含数据元素 e,包含,返回 true,否则,返回 false
indexOf(e)	返回数据元素 e 在线性表中的序号。如果 e 不存在,则返回 －1
insert(i,e)	将数据元素 e 插入线性表中 i 号位置。若 i 越界,报错
insertBefore(p,e)	将数据元素 e 插入元素 p 之前。成功,返回 true,否则,返回 false
insertAfter(p,e)	将数据元素 e 插入元素 p 之后。成功,返回 true,否则,返回 false
remove(i)	删除线性表中序号为 i 的元素,并返回之。若 i 越界,报错
remove(e)	删除线性表中第一个与 e 相同的元素。成功,返回 true,否则,返回 false
replace(i,e)	替换线性表中序号为 i 的数据元素为 e,返回原数据元素
get(i)	返回线性表中序号为 i 的数据元素。若 i 越界,报错

在上述抽象数据类型的定义中，定义了 11 种操作，然而对线性表并不限于上述操作，根据实际情况，还可以定义更多、更复杂的操作。例如，将两个线性表合并为一个更大的线性表、把一个线性表分成两个线性表、对现有线性表进行复制等。

这里需要补充说明的是，在 Java API 中，java. util. List 接口其实就是线性表的高层次的抽象。

3. List 接口

通过前面的内容可以知道：抽象数据类型可以对应到 Java 中的类，抽象数据类型的数据对象与数据之间的关系（数据关系）可以通过类的成员变量来存储和表示，抽象数据类型的操作则使用类的方法来实现。

下面先不考虑如何完成数据对象及数据之间关系的存储和表示，考虑如何将抽象数据类型所提供的操作使用 Java 语言给出明确的定义。事实上，对抽象数据类型提供的操作使用高级语言进行定义，就是给出其应用程序接口，在 Java 中可以使用一个接口进行定义。这样，在使用类来完成抽象数据类型的具体实现时，只要实现相应的接口，就实现了对抽象数据类型的定义。

代码范例 12.5：List 接口

```
public interface List {
 //返回线性表的大小,即数据元素的个数
 public int getSize();
 //如果线性表为空,返回 true,否则,返回 false
  public boolean isEmpty();
 //判断线性表是否包含数据元素 e
  public boolean contains(Object e);
 //返回数据元素 e 在线性表中的序号
  public int indexOf(Object e);
 //将数据元素 e 插入线性表中 i 号位置
  public void insert(int i, Object e) throws OutOfBoundaryEx-
ception;
 //将数据元素 e 插入元素 obj 之前
  public boolean insertBefore(Object obj, Object e);
 //将数据元素 e 插入元素 obj 之后
  public boolean insertAfter(Object obj, Object e);
 //删除线性表中序号为 i 的元素,并返回之
  public Object remove(int i) throws OutOfBoundaryException;
 //删除线性表中第一个与 e 相同的元素
  public boolean remove(Object e);
 //替换线性表中序号为 i 的数据元素为 e,返回原数据元素
  public Object replace(int i,Object e)throws OutOfBoundary-
Exception;
 //返回线性表中序号为 i 的数据元素
  public Object get(int i) throws OutOfBoundaryException;
}
```

在上述 List 接口的定义中，将数据元素的类型定义为 Object 类型，做这样的定义的原因是：在 Java 中，Object 类是其他所有类的父类，因此，其他任何类的引用或者任何类型的变量都可以赋给 Object 类型的变量，这样实现的抽象数据类型就可以对任何一种数据元素都适用，而不用对每一种不同类型的数据元素给出不同的实现。也就是说，将要实现的线性表可以存放任何一种数据元素。

其次，在 List 接口的定义中使用了异常。这是因为在某些操作的实现过程中，会出现各种错误的情况。这些错误可能使用户的要求无法实现，例如线性表

已经为空，但是用户仍然调用删除数据元素的方法，那么此时删除操作是无法实现的；又或者用户在使用这些操作时出现了错误，例如线性表虽然不为空，但是用户在调用 get(int i)方法时指定的序号 i 超过了范围，此时也会出错。因此，在定义接口时，还要对各种可能出现的错误条件定义相应的异常。异常的定义可以通过继承 java. lang. Exception 或其子类来实现。

代码范例 12. 6：OutOfBoundaryException 异常

```
//线性表中出现序号越界时抛出该异常
public class OutOfBoundaryException extends RuntimeException{
  public OutOfBoundaryException(String error){
   super(error);
  }
}
```

4. Strategy 接口

在 List 接口方法定义中，将所有数据元素的类型都使用 Object 来代替，这样做是由于程序的通用性，即一种抽象数据类型的实现可以用于所有数据元素。但是这样做带来了另一个需要解决的问题，即完成数据元素之间比较大小或判断是否相等的问题。在使用 Object 类型的变量指代了所有数据类型之后，所有种类的数据元素的比较就都需要使用 Object 类型的变量来完成。但是不同数据元素的比较方法或策略是不一样的。例如字符串的比较是使用 java. lang. String 类的 compareTo 和 equals 方法，而基本的数值型数据是使用关系运算符来完成的。不同的类的比较方法多种多样，即使是同一个类的比较，在不同的情况下也会不同，例如两个学生之间的比较有时可以用学号的顺序进行，有时可能又需要使用成绩来比较。因此，无法简单地在两个 Object 类型的变量之间使用“ == ”“ < ”等关系运算符来完成各种不同数据元素之间的比较操作，同时，Java 也不提供运算符的重载，为此，定义 Strategy 接口。

使用 Strategy 接口可以实现各种不同数据元素之间独立的比较策略。在实现各种抽象数据类型时，例如线性表，可以使用 Strategy 接口变量来完成形式上的比较，然后在创建每个抽象数据类型的实例时，例如一个具体的用于学生的线性表时，引入一个实际的实现了 Strategy 接口的策略类对象，例如实现了 Strategy 接口的学生比较策略类对象。使用这一策略的另一优点在于，一旦不想继续使用原先的比较策略对象，随时可以使用另一个比较策略对象将其替换，而不同修改抽象数据类型的具体实现。

按上述方案给出相应的代码。

代码范例 12.7：Strategy 接口

```
public interface Strategy {
 //判断两个数据元素是否相等
   public boolean equal(Object obj1, Object obj2);
 /* *
  * 比较两个数据元素的大小
  * 如果 obj1 < obj2  返回 -1
  * 如果 obj1 = obj2  返回 0
  * 如果 obj1 > obj2  返回 1
  * /
   public int compare(Object obj1, Object obj2);
}
```

代码范例 12.8：学生比较策略

```
public class StudentStrategy implements Strategy {
      public boolean equal(Object obj1, Object obj2) {
          if (obj1 instanceof Student && obj2 instanceof Student) {
                 Student s1 = (Student)obj1;
                 Student s2 = (Student)obj2;
                     return s1.getSId().equals(s2.getSId());
          } else
                 return false;
      }
      public int compare(Object obj1, Object obj2) {
          if (obj1 instanceof Student && obj2 instanceof Student) {
                 Student s1 = (Student)obj1;
                 Student s2 = (Student)obj2;
                 return s1.getSId().compareTo(s2.getSId());
          } else
                 return obj1.toString().compareTo(obj2.toString());
      }
}
```

第四节　线性表的顺序存储

线性表的顺序存储是用一组地址连续的存储单元依次存储线性表的数据元素。假设线性表的每个数据元素需占用K个存储单元，并以元素所占的第一个存储单元的地址作为数据元素的存储地址，则线性表中序号为i的数据元素的存储地址$Loc(a_i)$与序号为i+1的数据元素的存储地址$Loc(a_i+1)$之间的关系为：

$$Loc(a_i+1)=Loc(a_i)+K$$

通常来说，线性表的i号元素a_i的存储地址为：

$$Loc(a_i)=Loc(a_0)+i\times K$$

其中，$Loc(a_0)$为0号元素a_0的存储地址，通常称为线性表的起始地址。

线性表的这种机内表示称作线性表的顺序存储。它的特点是，以数据元素在机内存储地址相邻来表示线性表中数据元素之间的逻辑关系。每一个数据元素的存储地址都和线性表的起始地址相差一个与数据元素在线性表中的序号成正比的常数。由此，只要确定了线性表的起始地址，线性表中的任何一个数据元素都可以随机存取，因此，线性表的顺序存储结构是一种随机的存储结构。线性表的顺序存储可用图12－5描述。

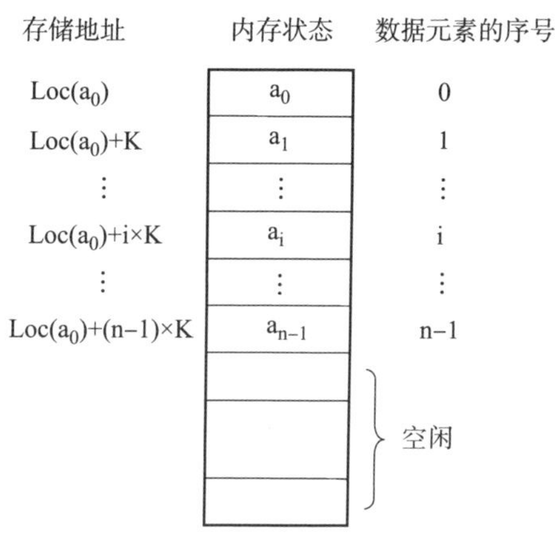

图12－5　线性表的顺序存储

由于高级语言中的数组也具有随机存储的特性，因此，在抽象数据类型的实现中，都使用数组来描述数据结构的顺序存储结构。通过图12－5，可以看到线性表中的数据元素在依次存放到数组中的时候，线性表中序号为i的数据元素对应的数组下标也为i，即数据元素在线性表中的序号与数据元素在数组中的下标相同。

需要注意的是，如果线性表中的数据元素是对象，数组存放的是对象的引用，即线性表中所有数据元素的对象引用存放在一组连续的地址空间中，如

图 12－6 所示。

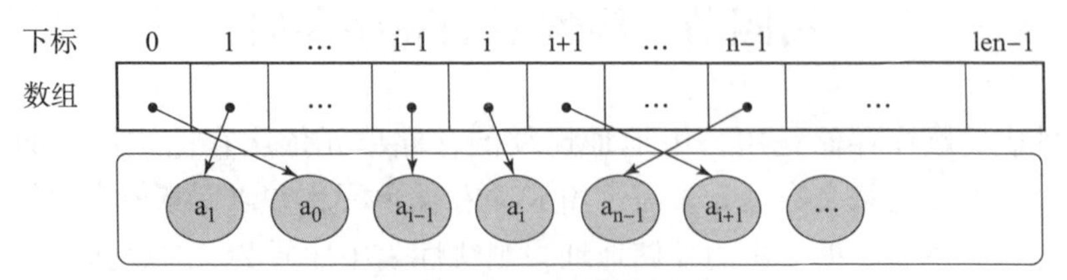

图 12－6 数组存储对象引用

由于线性表的长度可变，不同的问题所需的最大长度不同，因此，在线性表的具体实现中，是使用动态扩展数组大小的方式来完成线性表长度的不同要求的。数组的大小一旦确定，那么在以后的使用过程中就不能再改变。当要给未知个数的数据元素分配存储空间时，可以采用以下策略：先分配一个初始大小为 m 的数组 A_0，当 A_0 空间用完之后，在第 m＋1 个数据元素进入之前，分配一个大小为 2m 的新的数组 A_1，并将 A_0 中的元素全部移到 A_1 中。如果 A_1 空间用完，则再次新建大小为原来空间 2 倍的数组，移动元素到新数组。如此往复，直到所有元素都存入数组为止。

在使用数组实现线性表的操作中，经常会碰到在数组中进行数据元素的查找、添加、删除等操作，下面先讨论如何在数组中实现上述操作。

在数组中进行查找，最简单的方法就是顺序查找，在这里不再赘述。

在数组中添加数据元素，通常是在数组中下标为 i（$0 \leqslant i \leqslant n$）的位置添加数据元素，而将原来下标从 i 开始的数组中所有后续元素依次后移。整个操作过程可以通过图 12－7 来说明。

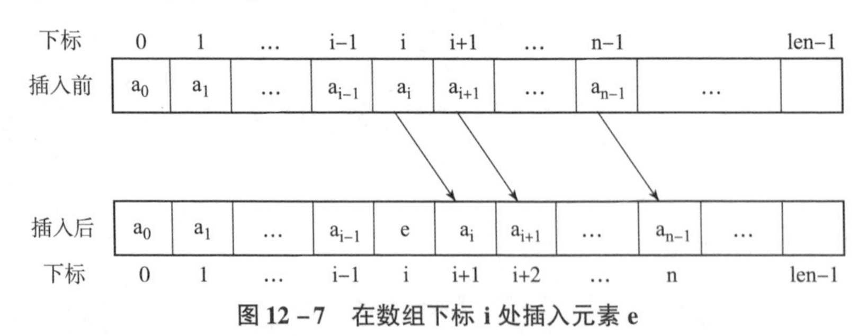

图 12－7 在数组下标 i 处插入元素 e

使用 Java 语言实现整个操作过程的关键语句是：

```
for (int j =n; j >i; j --)
    a[j] =a[j -1];
a[i] =e;
```

与在数组中添加数据元素相对的是在数组中删除数据元素。与添加类似，删除操作通常也是删除数组中下标为 i（$0 \leqslant i < n$）的元素，然后将数组中下标从

i+1开始的所有后续元素依次前移。删除操作过程也可以通过图 12-8 来说明。

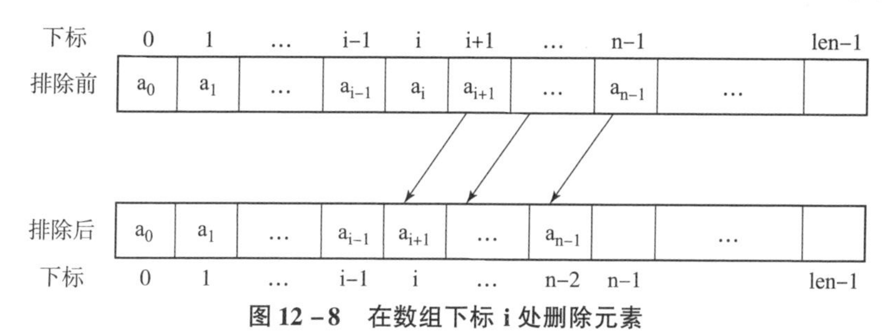

图 12-8　在数组下标 i 处删除元素

使用 Java 语言实现整个操作过程的关键语句是：

```
for (int j =i; j <n -1; j ++)
   a[j] =a[j +1];
```

在对数组中的相关操作进行讨论后，再回到最开始给出的问题，使用数组实现自己的 ArrayList 类。

代码范例 12.9：线性表的数组实现

```
public classMyArrayList implements List {
    private final int LEN =8; //数组的默认大小
    private Strategy strategy; //数据元素比较策略
    private int size; //线性表中数据元素的个数
    private Object[] elements; //数据元素数组

    //构造方法
    public MyArrayList() {
        //DefaultStrategy 是自己定义的默认策略类,这里忽略
        this(new DefaultStrategy());
    }

    public MyArrayList(Strategy strategy) {
        this.strategy =strategy;
        size =0;
        elements =new Object[LEN];
    }
```

```
    //返回线性表的大小,即数据元素的个数
    public int getSize() {
        return size;
    }

    //如果线性表为空,返回 true,否则,返回 false
    public boolean isEmpty() {
        return size ==0;
    }

    //判断线性表是否包含数据元素 e
    public boolean contains(Object e) {
        for (int i =0; i <size; i ++)
            if (strategy.equal(e, elements[i]))
                return true;
        return false;
    }

    //返回数据元素 e 在线性表中的序号
    public int indexOf(Object e) {
        for (int i =0; i <size; i ++)
            if (strategy.equal(e, elements[i]))
                return i;
        return -1;
    }
    //将数据元素 e 插入线性表中 i 号位置
    public void insert(int i, Object e) throws OutOfBoundary-
Exception {
        if (i <0 || i >size)
            throw new OutOfBoundaryException("错误,指定的插
入序号越界。");
        if (size >=elements.length)
            expandSpace();
        for (int j =size; j >i; j --)
            elements[j] =elements[j -1];
        elements[i] =e;
        size ++;
        return;
    }
```

```
    private void expandSpace() {
        Object[] a = new Object[elements.length * 2];
        for (int i = 0; i < elements.length; i ++)
            a[i] = elements[i];
        elements = a;
    }

    //将数据元素 e 插入元素 obj 之前
    public boolean insertBefore(Object obj, Object e) {
        int i = indexOf(obj);
        if (i < 0)
            return false;
        insert(i, e);
        return true;
    }

    //将数据元素 e 插入元素 obj 之后
    public boolean insertAfter(Object obj, Object e) {
        int i = indexOf(obj);
        if (i < 0)
            return false;
        insert(i + 1, e);
        return true;
    }
    //删除线性表中序号为 i 的元素,并返回之
    public Object remove(int i) throws OutOfBoundaryException {
        if (i < 0 || i >= size)
            throw new OutOfBoundaryException("错误,指定的删
除序号越界。");
        Object obj = elements[i];
        for (int j = i; j < size - 1; j ++)
            elements[j] = elements[j + 1];
        elements[ -- size] = null;
        return obj;
    }
```

```
    //删除线性表中第一个与 e 相同的元素
    public boolean remove(Object e) {
        int i = indexOf(e);
        if (i < 0)
            return false;
        remove(i);
        return true;
    }

    //替换线性表中序号为 i 的数据元素为 e,返回原数据元素
    public Object replace(int i,Object e)throws OutOfBoundary-
Exception {
        if (i < 0 || i >= size)
            throw new OutOfBoundaryException("错误,指定的序
号越界。");
        Object obj = elements[i];
        elements[i] = e;
        return obj;
    }

    //返回线性表中序号为 i 的数据元素
    public Object get(int i) throws OutOfBoundaryException {
        if (i < 0 || i >= size)
            throw new OutOfBoundaryException("错误,指定的序
号越界。");
        return elements[i];
    }
}
```

在 ArrayList 类中共有 4 个成员变量，其中，elements 数组及 size 用于存储线性表中的数据元素及表明线性表中数据元素的个数；strategy 是用来完成线性表中数据元素的比较操作的策略；LEN 是 elements 数组的初始默认大小，数组的大小在后续的插入操作中可以发生变化。成员变量 size 可以直接判断出线性表中数据元素的个数及线性表是否为空。

第五节　线性表的链式存储

实现线性表的另一种方法是链式存储，即用指针将存储线性表中数据元素的那些单元依次串联在一起。这种方法避免了在数组中用连续的单元存储元素的缺

点，因而在执行插入或删除运算时，不再需要移动元素来腾出空间或填补空缺。然而，为此付出的代价是，需要在每个单元中设置指针来表示表中元素之间的逻辑关系，因而增加了额外的存储空间的开销。

上述实现方法实际上就是使用链表来实现线性表。而链表有许多不同的形式，本节首先介绍两种重要的链表及其操作特点，然后给出一种线性表的链表实现。

1. 单链表

链表是一系列的存储数据元素的单元通过指针串接起来形成的，因此，每个单元至少有两个域：一个域用于数据元素的存储，另一个域是指向其他单元的指针。具有一个数据域和多个指针域的存储单元通常称为结点（node）。

一种最简单的结点结构如图 12－9 所示，它是构成单链表的基本结点结构。在结点中，数据域用来存储数据元素，指针域用于指向下一个具有相同结构的结点。

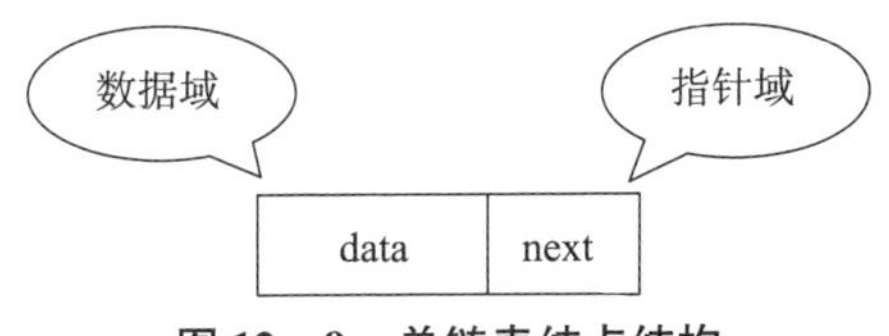

图 12－9　单链表结点结构

在 Java 中没有显式的指针类型，然而实际上对象的访问就是使用指针来实现的，即在 Java 中是使用对象的引用来替代指针的。因此，在使用 Java 实现该结点结构时，一个结点本身就是一个对象。结点的数据域 data 可以使用一个 Object 类型的对象来实现，用于存储任何类型的数据元素，并通过对象的引用指向该元素；而指针域 next 可以通过节点对象的引用来实现。

由于数据域存储的也是对象引用，因此，数据实际上和图 12－6 中的一样，是通过指向数据的物理存储地址来完成存储的，但是为了后面叙述的方便，在图示中都将数据元素直接画到了数据域中，请读者注意，实际的状态与其是有区别的。

上面的单链表结点结构是结点的一种最简单的形式，除此之外，还有其他不同的结点结构，但是这些结点结构都有一个数据域，并均能完成数据元素的存取。为此，在使用 Java 定义单链表结点结构之前，先给出一个结点接口，在接口中定义了所有结点均支持的操作，即对结点中存储数据的存取。代码范例 12.10 定义了结点接口。

代码范例 12.10：结点接口

```
public interface Node {
    //获取结点数据域
```

```
    public Object getData();
    //设置结点数据域
    public void setData(Object obj);
}
```

在给出结点接口定义之后，单链表的结点定义就可以通过实现结点接口来完成。代码范例 12.11 给出了单链表结点的定义。

代码范例 12.11：单链表结点定义

```
public class SLNode implements Node {
    private Object element;
    private SLNode next;

    public SLNode() {
        this(null,null);
    }
    public SLNode(Object ele, SLNode next){
        this.element = ele;
        this.next = next;
    }

    public SLNode getNext(){
        return next;

    public void setNext(SLNode next){
        this.next = next;
    }

    /**************** 实现接口中定义的方法 **************/
    public Object getData() {
        return element;
    }
    public void setData(Object obj) {
        element = obj;
    }
}
```

单链表是通过上述定义的结点使用 next 域依次串联在一起而形成的。一个单链表的结构如图 12－10 所示。

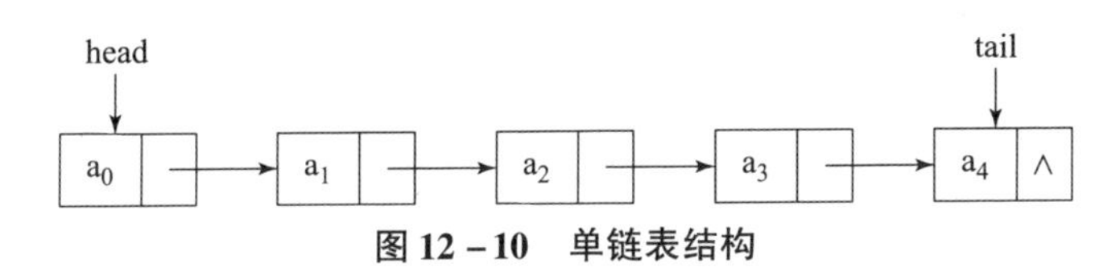

图 12－10　单链表结构

链表的第一个结点和最后一个结点分别称为链表的首结点和尾结点。尾结点的特征是其 next 引用为空（null）。链表中每个结点的 next 引用都相当于一个指针（Java 称为引用），指向另一个结点，借助这些 next 引用，可以从链表的首结点移动到尾结点。如此定义的结点称为单链表。在单链表中，通常使用 head 引用来指向链表的首结点，由 head 引用可以完成对整个链表中所有节点的访问。有时也可以根据需要使用指向尾结点的 tail 引用来方便某些操作的实现。

在单链表结构中，还需要注意的一点是，由于每个结点的数据域都是一个 Object 类的对象，因此，每个数据元素并非真正如图 12－8 中那样，而是在结点中的数据域通过一个 Object 类的对象引用来指向数据元素的。

与数组类似，单链表中的结点也具有一个线性次序，即如果结点 P 的 next 引用指向结点 S，则 P 就是 S 的直接前驱，S 是 P 的直接后续。单链表的一个重要特性就是只能通过前驱结点找到后续结点，而无法从后续结点找到前驱结点。在单链表中，通常需要完成数据元素的查找、插入、删除等操作。下面逐一讨论这些操作的实现。

在单链表中进行查找操作，只能从链表的首结点开始，通过每个结点的 next 引用来一次访问链表中的每个结点，以完成相应的查找操作。例如，需要在单链表中查找是否包含某个数据元素 e，则方法是使用一个循环变量 p，起始时从单链表的头结点开始，每次循环判断 p 所指结点的数据域是否和 e 相同，如果相同，则可以返回 true，否则，继续循环，直到链表中所有结点均被访问，此时 p 为 null。该过程如图 12－11 所示。

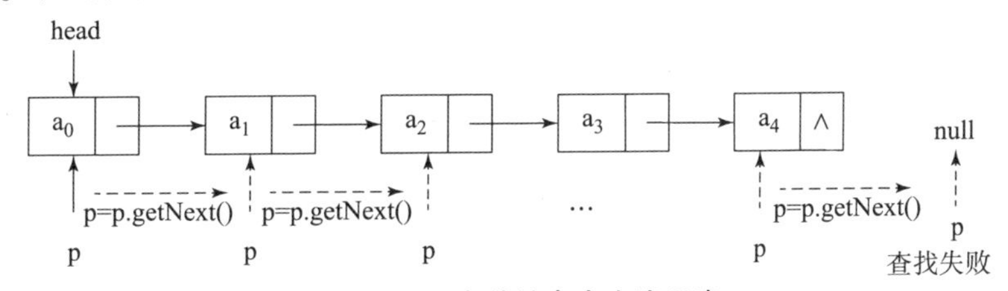

图 12－11　在单链表中查找元素

使用 Java 语言实现整个过程的关键语句是：

```
p = head;
while (p! = null)
   if (strategy.equal(e, p.getData())) return true;
return false;
```

在单链表中，数据元素的插入是通过在链表中插入数据元素所属的结点来完成的。对于链表的不同位置，插入的过程会有细微的差别。图 12 - 12 分别说明了在单链表的表头、表尾及链表中间插入结点的过程。

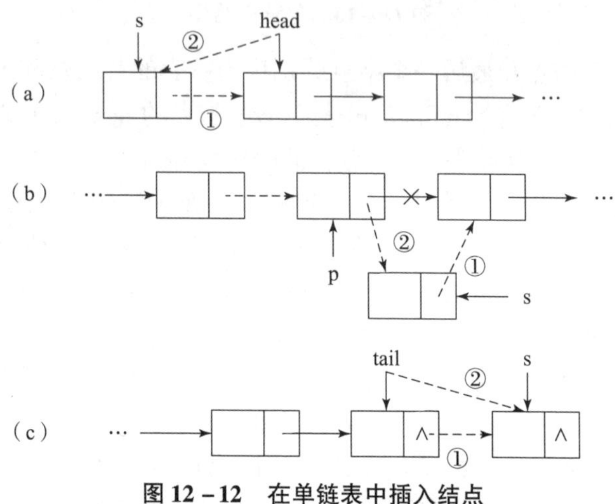

图 12 - 12　在单链表中插入结点

从图 12 - 12 中可以看出，单链表的首结点没有直接前驱结点，所以可以直接在首结点之前插入一个新的结点。除此之外，在单链表中的其他任何位置插入一个新结点时，都只能是在已知某个特定结点引用的基础上，在其后面插入一个新结点。

类似地，在单链表中，数据元素的删除也是通过结点的删除来完成的。在链表的不同位置删除结点，其操作过程也会有一些差别。图 12 - 13 分别说明了在单链表的表头、表尾及中间删除结点的过程。

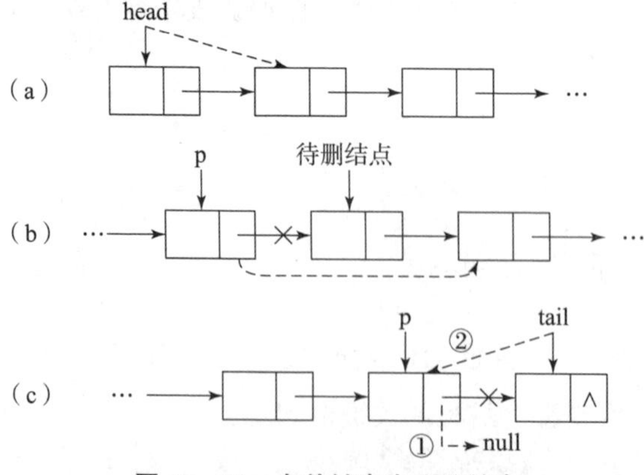

图 12 - 13　在单链表中删除结点

从图 12 - 13 中可以看出，在单链表中删除一个结点时，除首结点外，都必须知道该结点的直接前驱结点的引用。

2. 双向链表

单链表的一个优点是结构简单，但是它也有一个缺点，即在单链表中只能通过一个结点的引用访问其后续结点，而无法直接访问其前驱结点。要在单链表中找到某个结点的前驱结点，必须从链表的首结点出发，依次向后寻找。为此，可以扩展单链表的结点结构，使通过一个结点的引用，不但能够访问其后续结点，也可以方便地访问其前驱结点。扩展单链表结点结构的方法是，在单链表结点结构中新增加一个域，该域用于指向结点的直接前驱结点。扩展后的结点结构是构成双向链表的结点结构，如图 12－14 所示。

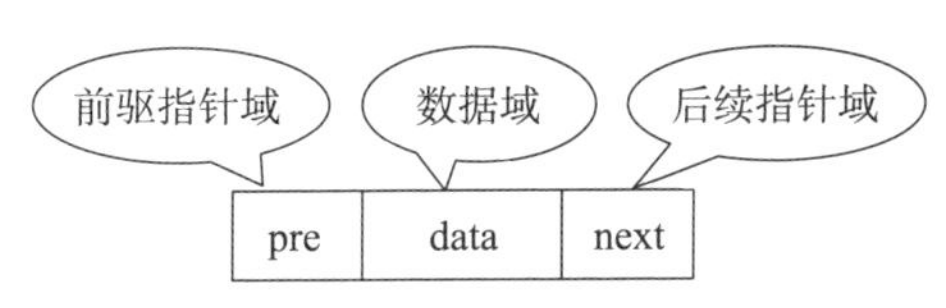

图 12－14　双向链表结点结构

与单链表结点定义类似，双向链表的结点定义也可以通过实现结点接口来完成。

代码范例 12.12：双向链表结点定义

```
public class DLNode implements Node {
    private Object element;
    private DLNode pre;
    private DLNode next;
    public DLNode() {
        this(null,null,null);
    }
    public DLNode(Object ele, DLNode pre, DLNode next){
        this.element = ele;
        this.pre = pre;
        this.next = next;
    }

    public DLNode getNext(){
        return next;
    }
    public void setNext(DLNode next){
        this.next = next;
    }
```

```
    public DLNode getPre(){
        return pre;
    }
    public void setPre(DLNode pre){
        this.pre = pre;
    }
    /*************** 实现接口的方法 **************/
    public Object getData() {
        return element;
    }
    public void setData(Object obj) {
        element = obj;
    }
}
```

双向链表是通过上述定义的结点使用 pre 及 next 域依次串联在一起而形成的。一个双向链表的结构如图 12－15 所示。

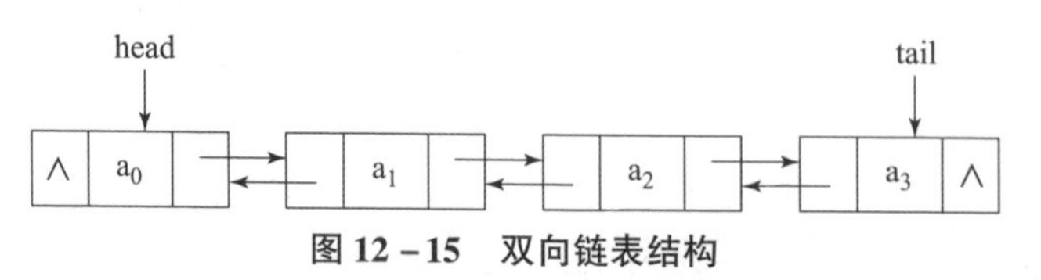

图 12－15　双向链表结构

在双向链表中，同样需要完成数据元素的查找、插入、删除等操作。在双向链表中进行查找与在单链表中类似，只不过在双向链表中，查找操作可以从链表的首结点开始，也可以从尾结点开始。

单链表的插入操作，除了首结点之外，必须在某个已知结点后面进行；而在双向链表中，插入操作在一个已知的结点之前或之后都可以进行。例如，在某个结点 p 之前插入一个新结点的过程如图 12－16 所示。

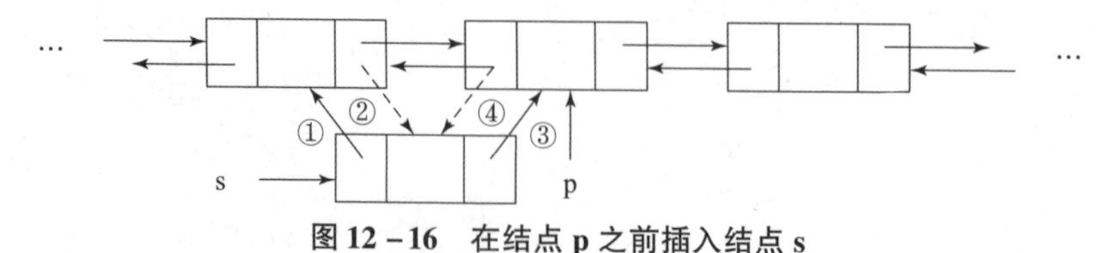

图 12－16　在结点 p 之前插入结点 s

使用 Java 语言实现整个过程的关键语句是：

```
s.setPre(p.getPre());
p.getPre().setNext(s);
```

```
s.setNext(p);
p.setPre(s);
```

在结点 p 之后插入一个新结点的操作与上述操作对称，这里不再赘述。插入操作除了上述情况外，还可以在双向链表的首结点之前、双向链表的尾结点之后进行，此时插入操作与上述插入操作相比更为简单，请读者自己分析。

单链表的删除操作，除了首结点之外，必须在知道待删结点的前驱结点的基础上才能进行；而在双向链表中，在已知某个结点引用的前提下，可以完成该结点自身的删除。图 12－17 表示了删除结点 p 的过程。

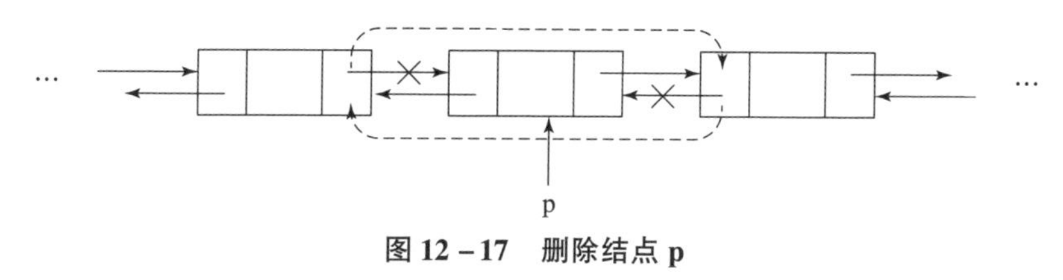

图 12－17　删除结点 p

使用 Java 语言实现整个过程的关键语句是：

```
p.getPre().setNext(p.getNext());
p.getNext().setPre(p.getPre());
```

如果删除的结点是首结点或尾结点，情况会更加简单，请读者自己分析。

3. 线性表的单链表实现

在使用链表实现线性表时，既可以使用单链表，也可以使用双向链表。实现过程中，链表的选择主要依据需要实现的 ADT 的基本操作来决定，这里可以选择单链表来实现线性表。在使用单链表实现线性表时，线性表中的每个数据元素对应单链表中的一个结点，而线性表元素之间的逻辑关系是通过单链表中元素所在结点之间的指向来表示的：如果表是 a_0，a_1，…，a_{n-1}，那么含有元素 a_{i-1} 的结点的 next 域应指向含有元素 a_i 的结点（$i=1$，2，…，$n-1$）。含有 a_{n-1} 的那个结点的 next 域是 null。

在使用单链表实现线性表的时候，为了使程序更加简洁，通常在单链表的最前面添加一个哑元结点，也称为头结点。在头结点中不存储任何实质的数据对象，其 next 域指向线性表中 0 号元素所在的结点，头结点的引入可以使线性表运算中的一些边界条件更容易处理。一个带头结点的单链表实现线性表的结构图如图 12－18 所示。

通过图 12－18 可以发现，对于任何基于序号的插入、删除，以及任何基于数据元素所在结点的前面或后面的插入、删除，在带头结点的单链表中，均可转化为在某个特定结点之后完成结点的插入、删除，而不用考虑插入、删除是在链表的首部、中间还是尾部等不同情况。

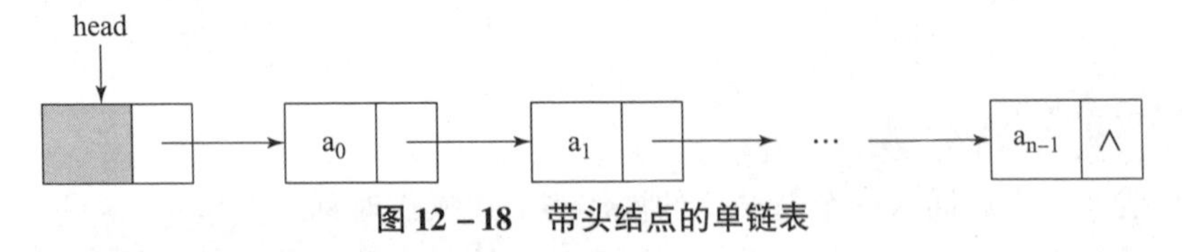

图 12-18　带头结点的单链表

代码范例 12.13：线性表的单链表实现

```
public class MyLinkedList implements List {
    private Strategy strategy; //数据元素比较策略
    private SLNode head; //单链表首结点引用
    private int size; //线性表中数据元素的个数

    public MyLinkedList() {
        this(new DefaultStrategy());
    }

    public MyLinkedList(Strategy strategy) {
        this.strategy = strategy;
        head = new SLNode();
        size = 0;
    }
    //辅助方法:获取数据元素 e 所在结点的前驱结点
    private SLNode getPreNode(Object e) {
        SLNode p = head;
        while (p.getNext()! = null)
            if (strategy.equal(p.getNext().getData(), e))
                return p;
            else
                p = p.getNext();
        return null;
    }

    //辅助方法:获取序号为 0 <= i < size 的元素所在结点的前驱结点
    private SLNode getPreNode(int i) {
        SLNode p = head;
```

```
        for (; i >0; i --)
            p =p.getNext();
        return p;
    }

    //获取序号为 0 <=i <size 的元素所在结点
    private SLNode getNode(int i) {
        SLNode p =head.getNext();
        for (; i >0; i --)
            p =p.getNext();
        return p;
    }

    //返回线性表的大小,即数据元素的个数
    public int getSize() {
        return size;
    }

    //如果线性表为空,返回 true,否则,返回 false
    public boolean isEmpty() {
        return size ==0;
    }
    //判断线性表是否包含数据元素 e
    public boolean contains(Object e) {
        SLNode p =head.getNext();
        while (p ! =null)
            if (strategy.equal(p.getData(), e))
                return true;
            else
                p =p.getNext();
        return false;
    }

    //返回数据元素 e 在线性表中的序号
    public int indexOf(Object e) {
        SLNode p =head.getNext();
        int index =0;
```

```
        while (p!=null)
            if (strategy.equal(p.getData(), e))
                return index;
            else {
                index ++;
                p=p.getNext();
            }
        return -1;
    }

    //将数据元素 e 插入线性表中 i 号位置
    public void insert(int i, Object e) throws OutOfBoundary-
Exception {
        if (i<0 || i>size)
            throw new OutOfBoundaryException("错误,指定的
插入序号越界。");
        SLNode p=getPreNode(i);
        SLNode q=new SLNode(e, p.getNext());
        p.setNext(q);
        size ++;
        return;
    }
    //将数据元素 e 插入元素 obj 之前
    public boolean insertBefore(Object obj, Object e) {
        SLNode p=getPreNode(obj);
        if (p!=null) {
            SLNode q=new SLNode(e, p.getNext());
            p.setNext(q);
            size ++;
            return true;
        }
        return false;
    }

    //将数据元素 e 插入元素 obj 之后
    public boolean insertAfter(Object obj, Object e) {
        SLNode p=head.getNext();
```

```
        while (p!=null)
            if (strategy.equal(p.getData(), obj)) {
                SLNode q =new SLNode(e, p.getNext());
                p.setNext(q);
                size ++;
                return true;
            } else
                p =p.getNext();
        return false;
    }

    //删除线性表中序号为 i 的元素,并返回之
    public Object remove(int i) throws OutOfBoundaryExcep-
tion {
        if (i <0 ||i >=size)
            throw new OutOfBoundaryException("错误,指定的
删除序号越界。");
        SLNode p =getPreNode(i);
        Object obj =p.getNext().getData();
        p.setNext(p.getNext().getNext());
        size --;
        return obj;
    }
    //删除线性表中第一个与 e 相同的元素
    public boolean remove(Object e) {
        SLNode p =getPreNode(e);
        if (p!=null) {
            p.setNext(p.getNext().getNext());
            size --;
            return true;
        }
        return false;
    }

    //替换线性表中序号为 i 的数据元素为 e,返回原数据元素
    public Object replace ( int i, Object e) throws OutOf-
BoundaryException {
```

```
        if (i <0 ||i >=size)
            throw new OutOfBoundaryException("错误,指定的
序号越界。");
        SLNode p =getNode(i);
        Object obj =p.getData();
        p.setData(e);
        return obj;
    }

    //返回线性表中序号为 i 的数据元素
    public Object get(int i) throws OutOfBoundaryException {
        if (i <0 ||i >=size)
            throw new OutOfBoundaryException("错误,指定的
序号越界。");
        SLNode p =getNode(i);
        return p.getData();
    }
}
```

代码范例 12.13 说明，在 MyLinkedList 类中共有 3 个成员变量，其中，size 用于表明线性表中数据元素的个数；head 是带头结点的单链表的首结点引用；而 strategy 是用来完成线性表中数据元素的比较操作的策略。

通过成员变量 size 可以直接判断出线性表中数据元素的个数及线性表是否为空。

在类中提供了两个私有方法：getPreNode(Object e)、getPreNode(int i)，其功能是找到数据元素 e 或线性表中 i 号数据元素所在结点的前驱结点。在带头结点的单链表中的插入、删除操作均是在某个结点之后完成的，因此，线性表中一些基于数据元素或序号的插入、删除操作的实现依赖于对应元素在单链表中的前驱结点引用。

由于链表中每个结点在内存中的地址并不是连续的，所以链表不具有随机存取的特性，这样要对线性表中 i 号元素进行获取或替换（算法 replace(int i, Object e)、get(int i)）的操作，不可能像使用数组实现线性表那样，而是必须从链表的头结点开始，沿着链表定位 i 号元素所在的结点，然后才能进行相应的操作，比使用数组实现相应操作要慢得多。

算法 contains(Object e)、indexOf(Object e) 主要是在线性表中查找某个数据元素。算法平均运行时间与使用数组的实现一样，都需要从线性表中的 0 号元素出发，依次向后查找。

算法 insert(int i，Object e)、remove(int i) 在实现的过程中，首先需要在链表中定位 i 号元素所在结点的前驱结点，然后才能完成插入、删除操作。

算法 insertBefore(Object obj，Object e)、insertAfter(Object obj，Object e)、remove(Object e) 在实现的过程中，insertBefore、remove 需要找到对应元素的前驱结点，insertAfter 需要找到对应元素本身，要优于使用数组实现的运行时间。

数据结构及算法是计算机科学技术领域重要的基础知识。数据结构不同于算法，算法也不是数据结构。但没有脱离数据结构的算法，算法也是依赖于某种数据结构。令人欣慰的是，Java 语言本身的 API 底层就是基于很多复杂的数据结构和算法（比如 ArrayList、LinkedList 和 HashSet 等），完全可以抛开这些复杂的内容。

第十三章

Oracle 数据库的研究

第一节　使用游标处理 SELECT 语句返回的数据

使用带参数的游标查询部门的员工信息。

```
DECLARE
   dept_code emp.deptno% TYPE; --声明列类型变量
   emp_code   emp.empno% TYPE;
   emp_name emp.ename% TYPE;
   CURSOR emp_cur(deptparam NUMBER) IS
   SELECT empno, ename FROM EMP WHERE deptno = deptparam;
   --声明显式游标
   BEGIN
   dept_code : = & 部门编号; --请用户输入想查看的部门编号
   OPEN emp_cur(dept_code); --打开游标
   LOOP
      --死循环
      FETCH emp_cur INTO emp_code, emp_name; --提取游标值赋给
上面声明的变量
      EXIT WHEN emp_cur% NOTFOUND; --如果游标里没有数据,则退出
循环
      DBMS_OUTPUT.PUT_LINE(emp_code || " || emp_name); --输
出查询
   END LOOP;
   CLOSE emp_cur; --关闭游标
END;
```

与 SQL Server 不同，PL/SQL 块中不能写查询语句，如需在 PL/SQL 语句块中执行查询并处理查询结果，则需要用到游标。当在 PL/SQL 块中执行查询语句（SELECT）和数据操纵语句（DML）时，Oracle 会为其分配上下文区（Context Area），游标是指向上下文区的指针。对于数据操纵语句和单行 SELECT INTO 语句来说，Oracle 会为它们分配隐含游标。在 Oracle 9i 之前，为了处理 SELECT 语句返回的多行数据，开发人员必须要使用显式游标；从 Oracle 9i 开始，开发人员既可以使用显式游标处理多行数据，也可以使用 SELECT..BULK COLLECT INTO 语句处理多行数据。

Oracle 中每个游标都有游标属性，通过游标属性用于返回游标的执行信息，这些属性包括% ISOPEN、% FOUND、% NOTFOUND 和% ROWCOUNT。当使用游标属性时，必须要在游标属性之前带有游标名作为前缀。

1. ISOPEN

该属性用于确定游标是否已经打开。如果游标已经打开，则返回值为 TURE；如果游标没有打开，则返回值为 FALSE。对于隐式游标而言，该值永远为 FALSE。

2. FOUND

该属性用于检查是否从结果集中提取了数据。如果提取了数据，则返回值为 TRUE；如果未提取到数据，则返回值为 FALSE。

3. NOTFOUND

该属性与% FOUND 属性恰好相反。如果提取到数据，则返回值为 FALSE；如果没有提取到数据，则返回值为 TRUE。

4. ROWCOUNT

该属性用于返回到当前行为为止已经提取到的实际行数。

在 Oracle 中，游标分为隐式游标、显式游标和 REF 游标。隐式游标是执行 SQL 语句时，Oracle 自动创建的，用于查看 SQL 语句的执行状态。显式游标是用户显式声明的，可用于操作 SELECT 语句的返回数据。REF 游标又称为动态游标，可执行动态的 SELECT 语句。

使用显式游标的一般步骤为：

（1）声明游标变量；

（2）打开游标；

（3）循环游标；

（4）关闭游标。

第二节　使用 REF 游标查看员工或部门信息

```
DECLARE
   TYPE refcur_t IS REF CURSOR; --声明 REF 游标类型
   refcur refcur_t; --声明 REF 游标类型的变量
   pid        NUMBER;
   p_name VARCHAR2(100);
   selection VARCHAR2(1) :=UPPER(SUBSTR('&tab', 1, 1)); --截
取用户输入的字符串并转换为大写
BEGIN
   IF selection ='E' THEN
   --如果输入的是'E',则打开 refcurr 游标,并将员工表查询出来赋值给
此游标
        OPEN refcur FOR
           SELECT EMPNO ID, ENAME NAME FROM EMP;
        DBMS_OUTPUT.PUT_LINE('=====员工信息=====');
   ELSIF selection ='D' THEN
   --如果输入的是'D',则打开部门表
        OPEN refcur FOR
           SELECT deptno id, dname name FROM DEPT;
        DBMS_OUTPUT.PUT_LINE('=====部门信息======');
   ELSE
   --否则,返回结束
        DBMS_OUTPUT.PUT_LINE('请输入员工信息(E)或部门信息(D)');
   RETURN;
   END IF;
   FETCH refcur INTO pid, p_name; --提取行
   WHILE refcur% FOUND LOOP
        DBMS_OUTPUT.PUT_LINE('#' ||pid ||':' ||p_name);
        FETCH refcur INTO pid, p_name;
   END LOOP;
   CLOSE refcur; --关闭游标
END;
```

使用 REF 游标可以执行动态的 SQL 语句，使用 REF 游标包括定义游标变量、打开游标、提取游标数据、关闭游标四个阶段。

（1）定义 REF CURSOR 类型和游标变量，语法如下。

```
TYPE ref_type_name IS REF CURSOR [RETURN return_type];
cursor_variable ref_type_name;
```

（2）在定义了游标变量之后，为了使用该游标变量，在打开游标时，需要指定其所对应的 SELECT 语句，语法如下。

```
OPEN cursor_variable FOR select_statement;
```

（3）在打开游标之后，SELECT 语句的结果被临时存放到游标结果集中。为了处理结果集中的数据，需要使用 FETCH 语句提取游标数据，语法如下。

```
FETCH cursor_variable INTO variable1,variable2…;
```

（4）在提取并处理了所有游标数据之后，就可以关闭游标变量并释放其结果了，语法如下。

```
CLOSE cursor_variable;
```

第三节　使用程序包

创建 Oracle 程序包，编写一个过程用于查询员工姓名，编写函数用于查询员工总人数，代码如下。

```
CREATE OR REPLACE PACKAGE pack_emp
IS
   Empid NUMBER(4) : =7369;
   PROCEDURE selectEMP(code NUMBER);
   FUNCTION getCOUNT() RETURN INT;
END pack_emp;

CREATE OR REPLACE PACKAGE BODY pack_emp
IS
   PROCEDURE selectEMP(code NUMBER)
      V_name varchar2(20);
   BEGIN
```

```
        SELECT ename INTO v_name FORM emp WHERE empno = code;
        dbms_output.put_line('selectEMP =' ||v_name);
    END selectEMP;

    FUNCTION getCOUNT() RETURN INT
        Emp_count int;
    BEGIN
        SELECT COUNT( * ) INTO Emp_count FROM emp;
        return Emp_count;
    END getCOUNT;
END pack_emp;
```

块（Block）是 PL/SQL 的基本程序单元，编写 PL/SQL 程序实际就是编写 PL/SQL 块。要完成相对简单的应用功能，可以只编写一个 PL/SQL 块；而如果要实现复杂的应用功能，那么可能需要在一个 PL/SQL 块中嵌套其他 PL/SQL 块。编写 PL/SQL 应用模块，块的嵌套层次没有限制。

PL/SQL 块由三个部分组成：定义部分、执行部分、异常处理部分。其中，定义部分用于定义常量、变量、游标、异常、复杂数据类型等；执行部分用于实现应用模块功能，该部分包含了要执行的 PL/SQL 语句和 SQL 语句；异常处理部分用于处理执行部分可能出现的运行错误。PL/SQL 块的语法结构如下。

```
DECLARE
    /* 定义部分——定义常量、变量、游标、异常、复杂类型等 */
BEGIN
    /* 执行部分——PL/SQL 语句和 SQL 语句 */
EXCEPTION
    /* 异常处理部分——异常处理代码 */
END;
```

Oracle 中的子程序是已命名的 PL/SQL 块，它们存储在数据库中，可以为它们指定参数，可以从任何数据库客户端和应用程序中调用它们。命名的 PL/SQL 程序包分为存储过程和函数，程序包是存储过程和函数的集合。

与匿名的 PL/SQL 块一样，子程序具有声明部分、可执行部分和可选的异常处理部分。声明部分包括类型、游标、变量、常量、异常和嵌套子程序的声明。这些项是局部的，在退出子程序时将不复存在。可执行部分包括赋值、控制执行过程及操纵 Oracle 数据的语句。异常处理部分包含异常处理程序，负责处理执行过程中出现的异常。

子程序的优点如下：

（1）模块化；

（2）可重用性；

（3）可维护性；

（4）安全性。

子程序的参数有三种模式：IN、OUT、IN OUT。

（1）IN 模式：输入参数，参数的默认模式，该模式的参数在子程序内部是只读的。

（2）OUT 模式：输出参数，该模式的参数在调用时实参必须是变量。在子程序内部对参数赋值，子程序结束后，调用环境可获取该值。

（3）IN OUT 模式：输入输出参数，是 IN 模式和 OUT 模式的组合。与 OUT 模式不同的是，OUT 模式在执行时会先将参数的值设置为 NULL，而 IN OUT 模式不会。

在 Oracle 中，能够自定义过程和函数，但过程和函数也有一定区别，见表 13－1。

表 13－1　Oracle 过程与函数的区别

过程	函数
没有返回值	有返回值
只能在 PL/SQL 中调用	可以在表达式和 DML 语句中调用
可以包含 RETURN 语句，用于结束过程，但也可以不包含 RETURN 语句	必须包含 RETURN 语句，用于返回数据

Oracle 系统可以把过程、函数、变量、异常、游标等按照功能的相关性存放在一起，这样的一组对象就叫作包。把相关的模块归类成为包，可使开发人员利用面向对象的方法进行内嵌过程的开发，从而提高系统性能。一个包由两个分开的部分组成，分别是包规范和包主体。

包规范类似于面向对象编程语言中的接口，其中定义包的所有公共成员，语法如下。

```
CREATE [OR REPLACE] PACKAGE package_name
{IS |AS}
    define public member
END [package_name];
```

包主体中可以定义包中的私有成员，并且还需要实现规范部分定义的过程和函数，语法如下。

```
CREATE [OR REPLACE] PACKAGE BODY package_name
{IS | AS}
    code of package body
END [package_name];
```

第四节 使用触发器监控表操作

在 EMP 表上创建触发器，并将所有对 EMP 的操作记录在 EMP_LOG 表中。先创建 EMP_LOG 表，表结构见表 13－2。

表 13－2 部门数据表

字段名称	数据类型	长度	约束	说明
LOGNO	int		主键	日志编号
OPER	varchar	50	NOT NULL	操作类别
LOGTIME	datetime			操作时间

在 EMP 表上创建触发器，代码如下。

```
CREATE OR REPLACE TRIGGER logemp
AFTER INSER OR UPDATE OR DELETE
ON EMP
BEGIN
    IF inserting THEN
        INSERT INTO EMP_LOG VALUES(req.nextval,'添加记录',sysdate);
    ELSIF updating THEN
        INSERT INTO EMP_LOG VALUES(req.nextval,'更新记录',sysdate);
    ELSE
        INSERT INTO EMP_LOG VALUES(req.nextval,'删除数据',sysdate);
    END IF
END;
```

触发器是当特定事件出现时自动执行的代码块。触发器与过程的区别在于：

过程是由用户或应用程序显式调用的，而触发器不能被直接调用。Oracle 会在事件请求触发器时，执行适当的触发器。

创建触发器的语法如下。

```
CREATE [OR REPLACE] TRIGGER trigger_name
{BEFORE | AFTER | INSTEAD OF}
{INSERT | DELETE | UPDATE [OF column]}
[OR {INSERT | DELETE | UPDATE [OF column]}]
ON table_name
[REFERENCING [NEW AS new_row_name][OLD AS old_row_name]]
[FOR EACH ROW]
[WHEN (condition)]
PL/SQL 语句块
```

触发器能够执行的功能有：

（1）自动生成数据。

（2）强制复杂的完整性约束条件。

（3）自定义复杂的安全权限。

（4）提供审计和日志记录。

（5）启用复杂的业务逻辑。

Oracle 具有不同类型的触发器，可以实现不同的任务。

（1）DML 触发器：与特定的表或视图关联，在对表或视图执行 DML 语句时引发。

（2）DDL 触发器（模式触发器）：在用户模式下执行 DDL 语句时引发。

（3）数据库触发器：在对数据库执行打开、关闭、登录等操作时引发。

当 INSERT、DELETE 或 UPDATE 等事件发生在表或视图中时，就会激活 DML 触发器中的代码。

DDL 触发器可以在模式级的操作上建立触发器，如 CREATE、ALTER、DROP 等 DDL 语句。模式触发器的主要功能是阻止 DDL 操作，以及在发生 DDL 操作时提供额外的安全监控。当在表、视图、过程、函数、索引、程序包、序列和同义词等模式对象上执行 DDL 命令时，就会激活触发器。

数据库触发器可以创建在数据库事件上的触发器，包括启动、关闭、服务器错误、登录和注销等。这些事件都是实例范围的，不与特定的表或视图关联。可以使用这种类型的触发器自动进行数据库维护或审计活动。

Oracle 还提供禁用和启用触发器的功能，语法如下。

```
ALTER TRIGGER trigger_name {ENABLE | DISABLE};
```

参 考 文 献

［1］龚炳江. JAVA 语言程序设计［M］. 北京：人民邮电出版社，2016.

［2］李娜. JAVA 语言程序设计［M］. 北京：机械工业出版社，2014.

［3］Patrick Niemeyer G Jonatban Knudsen. JAVA 语言入门［M］. 北京：中国电力出版社，2011.

［4］郎波. JAVA 语言程序设计（第二版）［M］. 北京：清华大学出版社，2015.

［5］印旻. JAVA 语言与面向对象程序设计第二版［M］. 北京：清华大学出版社，2007.

［6］陈国君. JAVA 程序设计基础实验指导［M］. 北京：清华大学出版社，2011.

［7］朱福喜. 面向对象与 JAVA 程序设计［M］. 北京：清华大学出版社，2009.